婚

前必修

7堂课

张雁涵 著

浙江工商大学出版社
ZHEJIANG GONGSHANG UNIVERSITY PRESS

杭州

图书在版编目（CIP）数据

婚前必修7堂课／张雁涵著 . —杭州：浙江工商大
学出版社，2019.4
ISBN 978-7-5178-3167-9

Ⅰ.①婚… Ⅱ.①张… Ⅲ.①女性—情感—通俗读物
Ⅳ.① B842.6-49

中国版本图书馆 CIP 数据核字（2019）第 042488 号

婚前必修7堂课
HUNQIAN BIXIU QITANGKE
张雁涵　著

责任编辑　唐慧慧　谭娟娟
封面设计　新艺书文化
责任印刷　包建辉
出版发行　浙江工商大学出版社
　　　　　（杭州市教工路 198 号　邮政编码 310012）
　　　　　（E-mail:zjgsupress@163.com）
　　　　　（网址：http://www.zjgsupress.com）
电　　话　0571-88904980　88831806（传真）
排　　版　冉冉
印　　刷　北京晨旭印刷厂
开　　本　880mm×1230mm　1/32
印　　张　8
字　　数　156 千
版 印 次　2019 年 4 月第 1 版　2019 年 4 月第 1 次印刷
书　　号　ISBN 978-7-5178-3167-9
定　　价　49.80 元

自序 | 恋爱是个技术活儿

我有花一朵

种在我心中

含苞待放意幽幽

朝朝与暮暮

我切切地等候

有心的人来入梦

女人花　摇曳在红尘中

女人花　随风轻轻摆动

只盼望　有一双温柔手

能抚慰　我内心的寂寞

——《女人花》

这首歌唱出了多少女性的心声。在对美好生活的向往中，大多数女性都会期待有一个完美男人出现。他最好玉树临风，最好温暖深情，最好稳重而多金……我们会幻想他有一天能踩着七彩云朵，来到自己身边，牵起自己的手，将余生妥善珍藏保管。

如果婚恋都如同我们想象的那般美好，就不会有那么多伤感的诗词歌赋了，就不会有那么多海誓山盟之后的抗争与痛苦了。多少人想爱而怕伤；多少人一边爱着，一边惴惴不安；多少女性一边扬言单身很好，不相信爱情，一边在深夜舔舐着自己的孤单。

我们传统的教育基本是缺乏"情感教育"这一课的，而且很多女性的父母甚至也未曾为她们树立较好的婚恋榜样。很少有人教她们如何正确爱自己，更没人教她们如何才是正确地爱他人，如何才能正向处理情感关系中的种种矛盾。所以有些女性，在情感关系中受伤无法自愈，走向抑郁甚至走向极端。

就我本人而言，我也是在情感关系中伤痕累累地一路走过来的，我选择研究心理学很大程度源于此。我在本书中举了很多我自身的经历或者我身边朋友的案例，我觉得特别有必要尽我所能，为即将步入恋爱关系，步入婚姻殿堂，或在婚恋关系中饱受苦楚的女性分享"情感管理"这门人生必修课。

全书共有 7 堂课，介绍了 49 个在婚恋关系中常见的困惑。你将在本书中学会如何了解真实的自己，如何自我成长，怎样管理情绪，如何疗愈自己，如何管理自己的幸福，了解爱情到底是什么，如何正确看待婚恋，如何选择"对的另一半"，如何通过对对方家庭的观察预知未来自己的婚姻是否幸福，以及婚前必要的各种心理上的准备，等等。希望那些准备恋爱、正在恋爱、准备步入婚姻殿堂的女性，能借由这本书，对婚恋问题有一个系统的了解。

情感问题没有标准答案，因为每个人都是个案。但此书能在你心里形成一张 map（地图），这张地图会在你遇到困惑时，支持你，让你能清晰明了自己的处境，在行为上正向选择，至少在遇到问题时不会慌张失措。

这就是本书的意义所在。

打开正文之前，你可以有两种选择：清空自己，接受书中的观念并积极践行；也可以合上书，依然故我。

书就在这里，你随时可以打开。

心也就在那里，等待着你的陪伴与关爱。

目　录
CONTENTS

上篇　看向你自己

I

下篇　正确爱他人

上篇

看向你自己

第 1 课

自我认知与生命成长管理

无论你是否需要一场恋爱，全方位的自我认知与个人成长，都是你此生必然面对的课题。

在准备恋爱或结婚之前，需要先确定自己已经"做好了准备"。

我们有时候会觉得情感降临得非常突然，就是"我在人群中多看了你一眼"，双方都比较有感觉，自然而然，水到渠成，就开始恋爱了。伴随着身心的某种冲动及某种归属感，有一种非 TA 不娶或不嫁的决心在里面，两个人就结合在一起了。

恋爱是很简单的，但也是很复杂的。如同相爱是简单的，但相守是困难的。我们堕入情网只需要一秒，但后续会有很多问题接踵而来，更不要说几十年漫长的彼此相守了。只有做好了充分的准备，去迎接一场恋爱及或成功或失败的结果，对幸福的把握度才会更大一些。

准备的第一步，就是自我认知和自我成长。我们大部分人对自己的了解其实并不全面，甚至可以说，并不真实。我们对自己有很多错觉，不然就不会有那么多内在的纠结与所谓的误解产生了。

不管怎样，还是先踏出自我认知旅程的第一步吧。

一、自我性格类型认知与成长方向

　　我们可以先来做一个自我性格类型测试：在每行中挑选一个与你最相近的短语（每题必须选一个并且只能选一个），若你在某一题上实在无法判断，请回想 3 年前自己的特征并作答。

（1）	A.活泼生动	B.富于冒险	C.善于分析	D.适应性强
（2）	A.喜爱娱乐	B.善于说服	C.坚持不懈	D.性格平和
（3）	A.善于社交	B.意志坚定	C.自我牺牲	D.较少争辩
（4）	A.使人认同	B.喜竞争胜	C.体贴	D.自控性好
（5）	A.使人振作	B.善于应变	C.令人尊敬	D.含蓄
（6）	A.生机勃勃	B.自立	C.敏感	D.易满足
（7）	A.推广性	B.积极性	C.计划性	D.耐性
（8）	A.率性	B.易信任他人的	C.程序性	D.羞涩
（9）	A.乐观	B.坦率	C.井井有条	D.易于迁就他人
（10）	A.有趣	B.强迫性	C.忠诚	D.友善
（11）	A.可爱	B.勇敢	C.注意细节	D.有外交手腕

（12）A. 振奋人心　　　B. 自信　　　　　C. 文化性　　　　D. 一贯性

（13）A. 激发性　　　　B. 独立性　　　　C. 理想主义　　　D. 无攻击性

（14）A. 情感外露　　　B. 果断　　　　　C. 深沉　　　　　D. 淡然幽默

（15）A. 结交者　　　　B. 发起者　　　　C. 音乐爱好者　　D. 调解者

（16）A. 多言　　　　　B. 执着　　　　　C. 考虑周到　　　D. 能容忍他人

（17）A. 活力充沛型　　B. 领导型　　　　C. 忠心型　　　　D. 聆听型

（18）A. 可爱型　　　　B. 首领型　　　　C. 制图型　　　　D. 知足型

（19）A. 受欢迎型　　　B. 工作型　　　　C. 完美主义型　　D. 和气型

（20）A. 跳跃型　　　　B. 勇取型　　　　C. 规范型　　　　D. 平衡型

（21）A. 露骨　　　　　B. 专横　　　　　C. 乏味　　　　　D. 扭捏

（22）A. 散漫　　　　　B 缺乏同情心　　　C. 不宽恕　　　　D. 缺乏热情

（23）A. 重复性　　　　B. 逆反性　　　　C. 怨恨性　　　　D. 保留性

（24）A. 健忘　　　　　B. 率直　　　　　C. 挑剔　　　　　D. 胆小

（25）A. 好插嘴　　　　B. 不耐烦　　　　C. 优柔寡断　　　D. 无安全感

（26）A. 难预测　　　　B. 直截了当　　　C. 过于严肃　　　D. 不愿参与

（27）A. 即兴　　　　　B. 固执　　　　　C. 难于取悦　　　D. 犹豫不决

（28）A. 放任　　　　　B. 自负　　　　　C. 悲观　　　　　D. 平淡

（29）A. 易怒　　　　　B. 好争吵　　　　C. 孤芳自赏　　　D. 无目标

（30）A. 天真　　　　　B. 鲁莽　　　　　C. 消极　　　　　D. 冷漠

（31）A. 喜获认同　　　B. 不断工作　　　C. 不善交际　　　D. 易担忧

（32）A. 喋喋不休　　B. 不圆滑老练　　C. 过分敏感　　D. 胆怯

（33）A. 杂乱无章　　B. 跋扈　　　　　C. 抑郁　　　　D. 腼腆

（34）A. 缺乏毅力　　B. 排斥异己　　　C. 内向　　　　D. 无异议

（35）A. 生活无秩序　B. 喜操纵　　　　C. 情绪化　　　D. 语言含糊

（36）A. 好表现　　　B. 顽固　　　　　C. 有戒心　　　D. 懒于行动

（37）A. 大嗓门　　　B. 统治欲强　　　C. 孤僻　　　　D. 懒惰

（38）A. 不专注　　　B. 易怒　　　　　C. 多疑　　　　D. 易拖延

（39）A. 易烦躁　　　B. 轻率　　　　　C. 报复心重　　D. 不愿投入

（40）A. 善变　　　　B. 狡猾　　　　　C. 好批评　　　D. 易妥协

备注：每道题 1 分，然后纵列相加，分别计算出 ABCD 各个选项的最后得分。

得分最多的为主要类型，次多的是辅助类型。

活泼型

如果你的 A 选项分数比较高，那么你是一个**外向＋感性**的人，心理学中会把这种人标注为活泼型。如果用一种动物来形容，就是孔雀；如果用《西游记》中的人物来形容，就是猪八戒。

活泼型人的追求："我要快乐"。

活泼型人的特点：一般体型会有一点胖，因为活泼型人喜欢美食，喜欢好玩、有趣的东西。这类型的人在人群当中就是开心果，他们多言善交际，喜欢跟陌生人交朋友，能够快速地跟其他人打成一片，凡是有他们在的场合就会非常热闹。

活泼型人的弱点：思维比较跳跃，感兴趣的东西太多，可能随时就被一件好玩的事情吸引了，很难对一件事情保持长久的专注力。会直接表达情绪，但很快会没事。

活泼型人的自我规划：

·管住自己的嘴，讲话前学会思考。

·控制自己的表现欲望。

·对自己的评价不要过高，关心自己的同时也要关心别人。

·培养记忆力。

·不要太善变，要脚踏实地，要做就要把一件事做完整。

力量型

如果你的 B 选项分数比较高，那么你是**外向＋理性**的人。心理学中会把这种人标注为力量型。如果用一种动物来形容，就是老虎；如果用《西游记》中的人物来形容，就是孙悟空。

力量型人的追求："我要控制"。

力量型人的特点：这类人在人群中的比例不到 5%，也称"领导型"（恭喜一下自己），是天资比较优越、智商极高的一群人。我们耳熟能详的一些国家领导人，大部分都是力量型的。他们通常目标感极强，执行力也特别强，能够在一个事件当中快速地想到执行的方案，并且做出决定。这类人行动迅速、充满自信、意志坚定、有活力、做事主动、不易气馁，是推动别人行动的人，事业上往往会有很大成就。

力量型人的弱点：相对比较自我；控制欲强；刚愎自用；自我为中心；固执，易争吵，好斗；有的时候不是特别关心或者在乎其他人的感受；具有强迫性，很容易支配别人；无耐性。个别力量型人会很独断、霸道，说话极易伤害别人，容易让他人感到压力。

力量型人的自我规划：

·减轻对别人的压力，学会放松、缓和的表达方式。

·尝试接受别人的号召和意见，尝试耐心和低调。

·停止争吵，让别人感觉到放松。

·学会包容，学会道歉，学会坦然接受自己的错误，放开胸怀。

完美型

如果你的 C 选项分数比较高，那么你是**内向＋理性**的人。心理学中会把这种人标注为完美型。如果用一种动物来形容，就是猫头鹰；如果用《西游记》中的人物来形容，就是唐僧（不是絮絮叨叨的唐僧，而是追求完美的唐僧）。

完美型人的追求："我要完美"。

完美型人的性格特点：逻辑缜密，深思熟虑；有艺术天分；关注细节，有条理，有组织；高标准——对自己要求高，对别人要求也高；情感丰富，容易感动；偏瘦；拥有一双审视他人的眼睛，做事非常注重完美。完美型的人很难轻易相信一个人，一旦真正信任一个人，就会很长情。

完美型人的弱点：严肃沉闷；行动力弱；优柔寡断；悲观，天生消极，易受环境影响；身体能量消耗很大；情绪化；容易受伤。（据统计，完美型是最容易罹患抑郁症的人群）

完美型人的自我规划：

·接纳自己的不完美，拥抱自己的阴暗面。

·行动！行动！再行动！

·勇敢地信任自己，也信任他人。

和平型

如果你的 D 选项分数比较高，那么你是**内向＋感性**的人。心理学中会把这种人标注为和平型。如果用一种动物来形容，就是考拉；如果用《西游记》中的人物来形容，就是沙僧。

和平型人的追求："我要和谐"。

和平型人的特点：和平型的人总是期待和谐，考虑问题时总是希望将所有可能牵涉的人、事尽数照顾周全。在人群里，和平型的人往往是一个老好人，总是尽力营造和谐的氛围。这类人性格低调，易相处；轻松，平和，耐心；适应力强，无攻击性，是很好的聆听者。

和平型人的弱点："纠结"是其突出特点。这类人不容易兴奋；喜欢一成不变，目标感不强；做事漫不经心；看似懒惰；不愿承担责任，回避压力；马虎；无主见。

和平型人的自我规划：

·为自己设立目标，坚持实干。

·有意识地接受督促（找个力量型或完美型）。

·多多申明主张。

补充说明：

（1）如果有一项非常突出，而某一项得分比较少，那么请把得分少的选项中的优势作为自己努力的方向。

（2）如果两个选项得分一样，且不是相邻选项，譬如活泼型和完美型，或者力量型与和平型得分一样，那么需要调整内在有冲突的部分。

（3）有时候会因为社会中的历练或者挫折，产生挤压型人格。譬如你本质是个力量型，但由于太强势，不得已呈现和平型的特点，那么这就并不是真实的你的人格特质。所以在答题的时候，请观察自己和熟悉的人在一起的时候是什么状态。

（4）恋爱提醒：大家很容易被对角线类型的人吸引，但同时也很容易在未来与对角线类型的人产生矛盾。

二、成为成熟而独立的个体

1. 关于成熟

成熟其实指的是两方面：身体状态成熟和思维状态相对成熟。

身体状态成熟

现在一些女孩子很早就有恋爱经历，甚至会跟对方发生性关系，在身体没有成熟的阶段发生性关系，对身体其实会造成很大的伤害，因此女孩子不要过早地进入恋爱关系。即使当身体已经进入一个相对成熟的状态，可以迎接接下来的一些亲密关系时，也要知道如何保护自己的身体免于伤害，比如，实施必要的避孕措施。

中国的大部分家长是羞于和孩子提及这些内容的，但女孩子自己心里要认知清晰。混乱的性关系带给女性的身体伤害是极其严重的。后期会出现诸多妇科疾病，甚至不孕等。这不是危言耸听，而是有临床医学的真实数据反馈的。

思维状态相对成熟

思维状态相对成熟是指从感性思维状态进入理性思维状态。二者的区别是什么？

我们先来看感性思维，感性思维也分初阶和高阶。

初阶的感性思维具体表现有：比较情绪化，很容易感动，也很容易伤感；神经敏感，经常不开心就要发脾气；做事容易冲动，不顾后果；以自己的喜好作为标准，为所欲为；等等。

很多人认为一个人不动声色，不太爱表达情绪，很喜欢讲道理，就是理性。其实这并不是真正的理性。因为一旦对其深入了解，我们就会发现其内在是喜欢强烈评判他人的。比如：这个人好，那个人不好；这个人我喜欢，那个人我不喜欢；这个人不怎么样，那个人也就那样。他不会用情绪去表达，但他在心里面会做很多比较，也比较在意外在评价。而这样的一个状态，我们只能算作他们处在感性思维的高阶。

那什么是理性思维呢？如果一个人能做到四个字、两个词——**客观、中立**，那就基本能判断这个人是具有理性思维的。

当然，这世界上没有绝对的客观，所有客观都是相对的。但至少我们要懂得"换位思考"，站在旁观者的角度去看事情的发生。

那什么叫作中立？中立就是不陷入自己的判断标准当中，也就是"不自以为是"，能够从不同角度解读事情的相融性，能够"超越对错"看问题。

这是一个很高的要求，但是可以通过训练达到。

每一次别人或自己发生任何的事情，尝试告诉自己：至少从三个角度解读这件事情，而不是你认为理所应当的那一个角度。学习多观察别人，多了解他人与自己的不同，慢慢训练，假以时日，就能建立"客观、中立"的思维习惯了。这对你的交友、婚恋包括职业发展都大有裨益。

2. 关于独立

对于部分女性来说，独立是比较困难的一件事，在如今的时代大背景下，越来越多的女性呼喊"男人靠不住，还是要靠自己"，逼着自己独立！但在我看来，这应该是一种主动选择。只有主动选择独立，你才会在前进的过程中充满动力，不会饱受不安的困扰。

我不是一个女权主义者，更深入地说，我觉得现在所谓"女性的独立"，并没有为女性带来真正的幸福。因为我们对"独立"的认知是局限的。无外乎就是自己养活自己，自己处理生活琐事，不求别人。但我看到很多女性在此过程中并没有享受，而是咬牙忍受，这是不可能幸福的。有些在事业、财富维度上比较成功的女性，号称独立女强人，凌驾于男性之上，飞扬跋扈，颐指气使，也依然得不到她们想要的幸福。

那如何才是成熟的独立呢？如果你能做到以下三点，就是真正地独立了：生活上自力更生；情感上自给自足；精神上自由自在。

生活上独立——自力更生

经济不独立，你很难有话语权。

赚钱多还是少不重要，重要的是如果自己能赚钱，就会有一个自己可以掌控的区间，你需要这个区间。有些女性认为"我可以坐在宝马车里面哭"，但实际上，当经济无法独立的时候，她们是很难拿到真正话语权的，很难自主决定自己的生命到底要如何延续。虽然她们坐在宝马车里面，甚至坐到了劳斯莱斯里面，会有很多人羡慕她们，暂时满足了她们的虚荣心，但她们时常会有一种无力、无助的感觉。即使表面再光鲜，内心也是无助孤独的。这种情况在我的咨询案例中比比皆是。

没有独立的事业，人会没有价值感。

成为别人圈养的"金丝雀"，会非常没有价值感。低价值感的人很少会有自信心，很多时候都是硬撑着某种状态。而且这种人被圈养起来，只能在某个圈子里活动，这个小圈子限定了她们的认知水平。同时，一段时间的圈养，会彻底消磨其对美好人生的奋斗意愿。人生不光有物质这一个层面，还有独立的人格，还需要彼此灵魂的陪伴。她们内心的孤独和不受尊重的感觉，会时常折磨着她们。

一切都会改变。

即使上述这类人的另外一半非常有钱，当下也非常爱她们，但她们潜意识中也可能会不安。因为她们会害怕失去这样的美好。在这种不安的扰动之下，人是不会感觉轻松的，不是吗？时时活在"万一失去我该怎么办"这种心情下，所有的言行都会偏执，也会造成婚姻中的纷争。

无论是你的父母还是你的另一半生活优渥，都请你保持经济独立，自给自足。因为一个人不是只有物质就足够了，还需要存在感、价值感、平等对话的权利等。另外，经济独立也是一种自身风险管理方法，因为我们的确无法保证一生不会发生任何变化。所以经济独立是每位女性都要去完成的最基本的一件事情。

情感上独立——自给自足

不要交出你的幸福掌控权。有些女性在情感上无法独立，她们习惯性地去依赖另外一个人。当对方对她们很宠爱、很理解、很呵护的时候，她们幸福感爆棚。但是当对方在某些方面没有达到她们的期望，做得不那么到位的时候，她们就会很失控，很伤心。由此要求，由此对抗，由此怨恨对方。我们去想一想，如果是这样一个状态，你就是把决定自己是否幸福的权利，交给了他人，任由他人左右你的幸福，左右你的快乐，那将是一件多么危险的事情！

你的幸福为什么要以这样的方式掌握在别人的手中呢？很多女孩子借由他人来满足自己的内在状态，她们获取幸福的方式似乎只有一种——他人的给予。

其实，情感独立，是每一个女孩子都要学习的重要一课。 情感独立是指：我在好好爱自己这一方面，完全可以自给自足；不管有没有对方在身边，我都可以把自己照顾得很好，从身体到情绪管理，从职业规划到交友，到所有业余时间的管理，都是没有任何问题的，也就是自己完全可以做到自我陪伴。这就是真正的情感独立，自给自足！

精神上独立——自由自在

精神独立的人，可以系统地思考问题，建立自己的思维闭环。

比如：你的男朋友正在打拼事业，无论他是打工还是创业，都已经很累了，结果你每天都在询问他，发生这件事怎么看，同事说你如何如何了，他怎么想，你该怎么办，……他每天忙完公司的事情，回家还要面对你的各种问题，久而久之，他就会觉得压力太大，可能会选择逃避。所以，不要说对方离开自己，就一定是对方的错，他可能真的不堪重负。

精神独立的女人魅力是无限的。 一个能够做到精神独立的女人，是最有味道、最有魅力的。她知道自己生命的价值和意义，她知道自己要去向哪里，每一步都踏实且坚定。不焦虑，不慌张。待人真诚温暖，低调内敛，不争不抢。自身会有一种，再好看的网红脸都无法比拟、再奢华的服饰都无法装扮出的——"优雅的光芒"，她的存在就是影响力！

那如何做到精神独立呢？ 去看先哲的书开启智慧，去与有经验的年长者沟通增长经验，去思考思维和精神独立能为你和他人带来的益处，在生活中不断践行，总结！

雁涵主张

任何好的感情的前提是：两个人都是独立的个体。只有这样，这一份感情才有可能存在一个携手前行和相濡以沫的最终结局。如果说彼此之间是一种寄生关系、依附关系，"我离开你活不了，我一定要跟你在一起，无论你走到哪里，我都不会放过你，我都会缠着你"，这样的关系是无法走到终点的，即使走到终点也不会有好结果。你爱得很痛苦，被爱的人也并不幸福。所以，努力去成为一个经济、情感和精神独立的个体尤为重要。这样，不管对方在不在你身边，用何种方式待你，让你满意或者失望，你都不会失控和抓狂。这就是独立的重要性。

三、学会管理寂寞，与孤独相处

1. 关于寂寞

为了打发寂寞而寻找伴侣，是要付出相应代价的。

人是社会属性动物，内在潜意识中，都希望被社会接纳、认同和肯定。除了某些生性寡淡，或者出世的修行人，大部分人是无法长时间忍耐寂寞所带来的无聊感觉的。我们一定要做点什么，比如联系朋友，比如去娱乐。当然，最快捷、最有保障的方式是寻找一个伴侣。特别是女孩子，安全感比较差，有个伴儿，至少晚上有人说说话，长夜不需要再与一盏孤灯为伴了。

寂寞的感觉也许会因为你的寻找得以快速解决，但那个人未必合适。而不合适的两个人生活在一起，其实比一个人生活更可怕。因为一个人顶多就是无聊寂寞，如果另一个人跟你性格、价值观不匹配的话，你们会产生很多冲突，会彼此抗拒，其实要付出的代价会更大。

冷静下来重新审视你的寂寞成因是什么，是自己没有兴趣爱好，没有目标规划，不懂得时间管理，还是自己的朋友太少了？找到成因，寻求相应的解决办法，将自己因为困顿于寂寞而寻找另一半的感觉打消掉！

2. 关于孤独

孤独是人生终极的哲学命题。

寂寞和孤独不是一回事

寂寞是指在某个单位时间内不知道该干点什么。孤独是一种更深刻的感觉，是觉得自己的灵魂没有归属感，没有人懂自己，有些开心的事情或者痛苦的事情，不知道找谁诉说。相对来说，寂寞是好打发的，但是孤独感确实是非常折磨人的东西。

很多人在生活、工作、情感各方面貌似都很好，但是只有他们自己知道，他们内心深处一直处于极其孤独的状态。绝大部分人都有分享的欲望，特别是女性，会希望在痛苦的时候，找到一个坚实的肩膀。即使你是一位女强人，或许根本不太会寂寞，但因为你每天应酬非常多，你也依然会饱受孤独困扰。

需要发现孤独的价值

天下没有无用的东西，孤独也是如此。你如果愿意深思，会发现孤独能带来无比的自在，能够带来很多内在的深思，能够帮你更清晰地辨知自己的一些"心念"。什么叫"心念"？就是心里面的一些念头，你可以通过"心念"更好地了解自己，更深度地探究很多事情，从而形成"精神独立性"。

"解构孤独"在每一个人的一生中都是重量级的功课。而那些能够"享受孤独"的人，都将成为非凡的生命。说到婚恋，一个能与孤独很好相处的人，当她拥有另外一半的时候，也会呈现出一种很成熟的婚恋状态，不会让任何一段关系成为彼此的束缚。这里我推荐大家阅读赵世林先生的《孤独六讲》。

雁涵主张

孤独是一个常态的属性，人赤裸裸地来到这个世界上，是一个人。即使是双胞胎，离开时也不会在同一秒钟一起走。那我们还有必要去研究孤独、管理孤独吗？在我看来，我们可以让孤独成为一种助力，而不是一个阻碍生活更加自在和幸福的成因。

四、提升安全感，适度依赖

　　我大概要先给"在婚恋里寻找安全感"的女性一个打击！

　　情感关系其实是最不容易获得安全感的，在情感中寻找安全感，有如在轮回中寻觅永恒。

1. 关于安全感

　　安全感是人类渴望稳定、安全的一种最基本的精神需求。对于女性来说，她们在安全感方面的需求是更为强烈的。她们希望受到保护，不被伤害；希望得到一个人的承诺并且始终如一；希望有一个肩膀可以依靠，有一个港湾可以停泊，能让自己不再剑拔弩张地生活……这些都无可厚非。只是在现代社会中，每个人似乎都越来越不安。特别是在两性关系中，女性非常强调安全感，而很多时候的"不安"，又会促使她们做出很多非理性的选择或者触动她们的情绪。

你为什么总是不安

当人无法预知和掌控一件事情时，焦虑与不安是一定会升起的。比如你不像自己的父辈，他们基本每一天都是老样子，上班，下班，做家务，照顾孩子，每一天都是可预见、可掌控的。现在这个时代，一切瞬息万变，没有人能预测明天会发生什么，但每个人又都希望自己可以掌控一切，一切都按照自己的想法和目标实现。这是不可能的事情。再加上，如果周边的人经常进行比较，你想要的东西很多，自己又没有能力快速得到这些东西的时候，你就会对很多事情产生一种无力感，觉得自己不够好，由此导致"不安"一直存在。

你为什么觉得自己不够好或者没能力

"我够不够好"这种自我认知是和原生家庭有关的。小时候，你能不能建立自我认同感，来自父母有没有充分做到"认同、接纳与允许"。在童年，你是依赖父母生活上的供给而生存的。你最依赖的是父母，最希望从父母那获得认同。如果父母要求很高，总是控制或者责怪你做得不好，长大之后，你会习惯性觉得自己不够好。觉得自己不够好，于是很难建立自信；觉得自己不够好，本能地会怕犯错，本能地会自我检视和在意外在评价，本能地会努力证明自己

"够好"且值得被爱。达不到目标的时候，你就会陷入一种"是我不够好"或者"我真是没有能力"的低价值感自我评价状态。

安全感，永远不能从某处或某人那里得到

你不敢去信任别人，怕受到伤害；你得到时惴惴不安，失去时哀怨自怜。这些都和你内在的安全感匮乏有关。于是你指望借由他人或者某件事情，从外在满足你对安全感的需求。但你忽略了一个重要的真相：一切都是会改变的。此时某个人让你觉得安全，但下一秒他的某个行为又会让你觉得不安。你在某个状态下觉得很轻松，但可能突发了某个事件，你就会恐惧，安全感瞬间被击碎。所以，"我们无法从他人或外在那里获得稳定持久的安全感"，唯有加强自身的安全感才是终极之道。

如何增强自己的安全感

安全感是一个很难触摸的东西。即便它在，你也看不到它。具体来说，如何才能有安全感，是非常抽象的。但我们不难发现，一般在什么时候我们会觉得安全呢？一定是有把握掌控一件事情或一个人的时候。这就意味着，**安全感其实只和自己内在的自信心有关。自信心充足的时候，安全感就充足。**当我们在很多领域，觉得自己

掌控不住的时候，本能地就会焦虑和不安。所以，与其说如何增强安全感，不如换一个角度，如何增强自己的自信心。

那如何增强自信心呢？

首先，要非常笃定地接纳、认可自己具备的优点和长处。

其次，更为关键的一点是，你是否可以全然接纳自己暂时的一些不足。

可能你的长相生来没有那么漂亮，可能你的身材也没有像健美运动员那样好，可能你在为人处事方面情商也没有那么高，但你本来就是这个样子。你的存在对宇宙、对地球、对他人都是有相应意义的。如果你能够笃定地承认自己的优点，同时全然接纳自己暂时的不足和本来的样子，你的自信心就会从中产生出来，而你的安全感也会相应地增强。

下面，我来介绍一种训练自信心的方法，我曾经推荐给很多人使用过，屡试不爽。

请准备一张 A4 纸，按图示操作：

自信心训练方法

请在"＿＿＿＿＿＿＿＿＿＿"上填写你的名字

序号	＿＿＿＿＿，你的优点是（15 条）	＿＿＿＿＿，你暂时的不足是（10 条）
1		
2		
3		
4		
5		
6		
7		
8		
9		
10		
11		
12		
13		
14		
15		

备注：

（1）"优点"写满15条，"暂时的不足"只需要写10条，不能比优点多。

（2）每天早上，从"优点"开始，大声笃定地朗读，每条7遍，效果要求：念到自己心花怒放。

（3）朗读完优点，再念"暂时的不足"，大声笃定地朗读，每条7遍，效果要求：念到完全接纳。

（4）如此重复21天。

带着不安前行，不要放大不安

既然没有绝对的安全，也就意味着没有绝对的不安全。大部分人都会想到最坏的可能性，并且将其无穷放大，直到自己信以为真，由此陷入更强烈的负面情绪中（譬如焦虑、恐慌）。接下来，就是想要控制，就是开始"作"，使事情演变到自己不希望看到但信以为真的结果。

不安是正常的，但放大不安是不正常的。心理学上说，凡事都有三种解决方案。如你所想，事情发展的结果可能有三种情况：很差、可能没那么差、可能反而很好。我们认为的很差，概率只有1/3。如此思考的话，我们的负向思维就只占1/3了；我们的不安全感，也管控在1/3的范畴当中了。

2. 关于依赖与独立的辩证思考

为什么女性天生依赖性强

从生物属性上分析，雄性倾向于征服和占有，而雌性倾向于依赖和归属。依赖性强似乎已经成为女性基因里的一种特质。

男性怎么看待女性的依赖

在时代环境背景下，所有人的压力都很大。我跟很多男性朋友聊过天，整理出了一些语句，让我们看看他们是怎么看待依赖型的女性的。

林先生：我其实最初还蛮喜欢乖乖的、很依赖我的女孩子的。但我现在这个女朋友，什么事情都没法独立处理，一天到晚跟我说她单位那点事，然后问我怎么办。真心挺累的。(没有独立思考能力的依赖)

孙先生：我老婆其他方面还好，但就是特别怕黑，我晚上若迟于9点回家她就会很抓狂，经常为这个跟我闹别扭。有时和朋友聚会可以带着她，但一到单位聚会，或者应酬的场合，没法带她，她就开始"连环call"，也让我蛮头大。(生活依赖)

宋先生：我女朋友动辄就草木皆兵的，我和哪个女的多说两句她就急了，然后说，我是她的唯一，是她的全部，所以我必须对她忠诚。但是我真的也没有干什么啊。(情感过度依赖)

适度的依赖挺好的，因为这可以彰显男人们的男子汉气概，也能满足他们作为男人的存在感和自尊心。但是他们认为伴侣的过度依赖，会让自己很疲惫，甚至想逃避。

过度依赖他人的后果

你可以依赖他人，没有人逼你一定要坚强。

但是你要清楚过度依赖他人的后果。

请看下面一段文字，然后想象一下：

你旁边站着一个人，你只是轻轻地靠着他，如果这个人瞬间闪开的话，你可能就会稍微晃一下。如果你半个身体都靠在他的身上，他离开的瞬间，你可能就会剧烈晃动，甚至险些摔倒。当你全部靠在这个人身上时，他瞬间闪开的话，你一定会重重地摔在地上，一定会受伤，破皮流血，甚至更严重一点，如果底下是个坑，你可能就会骨折。

在情感上同样如此。有的女人一旦遇到她心目中的"Mr.Right"，就变成了"生活不能自理"的人。"大事小情"① 不会处理，情绪也不能自己管理，都要依赖男人的给予和安慰。男人和家庭成为她们唯一的情感支柱。可想而知，如果这样一个精神支柱或者情感支柱一旦挪移开原有的位置，那么她们一定会受到巨大的伤害！

　　其实，我们越看重一样东西，就越对其没有安全感。比如，很多妈妈都会过度担忧自己的孩子，因为那是她们生命中最核心、最重要的内容，所以她们的不安时刻存在。当这种不安被激起的时候，她们会做什么？一定会控制！但这种控制反而又会让她想控制的那个人离她越来越远，不是吗？因为所有人都希望自由，所有人都不希望受人控制。小小的一点控制可以，但是过度控制，男人会受不了，女人自己也受不了，并不利于亲密关系的发展。

如何把握最恰当的依赖度

　　你不能把一个男人或一个家庭当成你生命的全部，或者倾注全部情感。有些女性在工作上其实非常独立，因为职场中更多的是在动脑，她们独立处理事情的能力、执行能力都没有问题，但是一回归到家庭情感模式，就会变得过度依赖丈夫。

---

① 注："大事小情"意思为大大小小的事情。

你可以依赖，但一定要适度。人生是无常的，很多东西都会改变，且不说感情被插足，老公有外遇等，就算你们的感情一直稳定，也还会有其他突发状况，比如疾病，比如天灾人祸，都会造成分离。所以当你过度依赖或者把自己的全部维系在某一个人或者某一种状况之中的时候，你就要做好跌倒和受伤的准备，甚至做好花很长时间疗伤的准备。

雁涵主张

一个人真正可以依赖的是自己。信赖自己，依赖自己，始终是人生基础。成为一个强大而独立的女人，你不但不会因为情感的变化而受伤，反而会让男人非常尊重你，因为你是一个有强大内心可以独立面对各种状况的人。

让你的独立成为隐语

有的女性会跌入另外一个极端，就是完全不依赖男性，所有的事情都一肩扛。其实这样的女性骨子里面也是不安的。因为她觉得谁都是不可信任的，只有自己可以信任。

如果你是这样的，其实你内在的选择没有错，但是你一定要注意外在的言行，要在对方面前表现出对他的适度的依赖感，因为这会增加一个男性的存在价值感。不可否认，自原始社会男女分工开始，长期的历史文化熏陶使男性无论从内心需求还是社会认可方面，更倾向于征服和占有，在征服和占有的过程中去体会价值感和存在感。一个过于独立的、一点都不依赖他人的女性，较难让男性体会到自身的价值感。

所以过度依赖和完全不依赖这两个极端都不要选择。所谓"行中道"，就是任何事都要管理在一个范畴之内。

五、建立有智慧的信任关系

1. 什么是信任

信任是"一种相信并勇于托付给他人的"概念。比如我勇于托付给你一份职责或者是一份感情，这种互动关系，我们把它称为信任。

信任其实涵盖两个部分：第一个部分，要自信；第二个部分，你能不能勇敢地相信别人。一些人在人际关系交往中，带着巨大的不安全感，他们难以很自信地说自己是一个应该被人喜欢、值得别人善待的人。你应该先确信自己有这样的能力，才能自然地对自己的内在产生一种信任感。

2. 信任值不能是 0 或者 100

很多人在信任关系上，存在一个巨大的问题：在人际交往过程中，对别人的信任值总是处在 0 或者 100 两个极端。为什么会造成这种情况？原因在于，很多人没有 100% 的自信，当他们信任别人的时候，会把别人当成一个 100% 的对象，要求那个人不会有变化，是恒常的。因为自己 100% 地信任他，所以他就必须变成一个神，不能有任何的缺点。如果有一天他做了任何伤害自己的事情，自己就会失望，然后他就会变成魔，对他的信任值就归 0。

试想一下，你自己有时都会否认自己上一秒的某个想法，更何况是其他人？你无法掌握和控制其他人的内在状况。如果你在每个当下，对别人的信任值都选择 0 或者 100，显然不是一种有智慧的信任方式。

"你在我背后开了一枪，我宁愿相信，其实是你的枪走火了。"很多人都听过这样的话，有的人十分相信这样的说法，其实这是一种自我欺骗的说法。

如果那个人真的开枪，你可以告诉他："我知道是你开枪了，但是我选择原谅你。"这远比直接说他只是走火来得更有智慧。很多人都有侥幸心理，其实他在这一刻可能是迫不得已开枪的，对此他其实是很内疚的，但是如果没有被发现，他下一次可能还会拿枪指着你，或者周边更多的人。所以你要让他知道，首先你知道是他开的枪，然后告诉他，你选择原谅他，那一刻会让他趋于善，他不会觉得自己"开枪"的后果是无关痛痒的。

我们当然相信人性中一定有光明的一面，但也一定存在阴暗的一面。所以，如果是我们自己选择了对他人的信任值不是 0，就是100，那就是活该受伤了。

3. 信任要有度

举一个特别简单的例子，比如你开车的时候，如果这辆车所有的零件都完整，也没有缺油等状况，你相信它可以带你到终点。但你为什么还要系上安全带呢？因为只要走在路上，就可能有意外发生，所以安全带是自我保护和躲避危险的一个安全措施。你可以保证自己"安全驾驶"，但是你不能保证在路上的时候，不会遭遇别人的"危险驾驶"。

有的人说，我把自己封闭起来，谁都不信总可以了吧？其实，这样就是信任值归 0 了。

你可以回想一下小的时候，你其实基本是无条件信任别人的。比如别人来向你借某个东西，你会给别人，但有时候东西拿不回来，你就会哭。你一路成长，多多少少都会因为信任付出一些代价。最终的结果就是你会在信任这件事情上变得胆怯。"一朝被蛇咬，十年怕井绳。"你的内心是不是总有一个声音："我可以吗？我还好吗？我还可以去打开、去信任吗？"如果被骗的次数多了，在心理应急状态下，你内心的大门一定会关上。当你关上门的时候，苍蝇、蚊子是进不来了，但是阳光和美好的东西也被你屏蔽在外了。

有的人说，我不选择 100% 信任，会不会代表我不善良？其实不会。大部分人会被集体无意识裹挟，相信很多约定俗成的东西。比如，从小父母就教育我们要做善良的孩子，要做懂事的孩子。当很多人面对危险的时候，会有极大的恐惧感，不知道该怎么更好地应付。其实是因为我们把某个概念限定在了一个先入为主的信念里面，如果我们有一个行为跟这个信念不相符，首先就会进行自我评判。

因此，我们要知道，信任值不是非 0 即 100，还有更加有智慧的信任方式。

4. 如何有智慧地信任

信任三步曲

有智慧地信任，适用于你的职场，同样适用于你的爱情、友情和其他方面。

第一步，相信自己，解决自己安全感的问题。大部分人属于"我自己很不安，我遇到一个人之后就 100% 地信赖他"这一类。这样的话，对方会有很大的压力，无论他做什么，你的不安都会被触动。这种压力会造成他对你的疏离，而这种疏离本身又会让你更不安。于是你们的关系陷入了一个恶性循环。

所以，第一步，我们要找到自己的价值，要很自信地说我是一个善良的人，我是一个有价值的人，我值得别人好好对待，这份决心很重要。

第二步，理性区分。在生活当中，你去检视的话，会发现所有利益上或情感上的损失，都来自欲望的遮蔽。当有一个对你有利的东西深深地吸引住你的目光时，你就会把那些不利的东西都忽略掉。

心理学上认为，"我们只能看到自己相信的，看不到不相信的"。其实，你事后回想那一次上当受骗的经历，可能会发现早就有很多因素已经揭示给你看这是一个骗局。但是那一刻你的欲望会让你不放手，选择去信任别人，如同鸵鸟把头扎在沙子里。其实这不是信任，这是在赌。

为什么会这样？因为你对信任没有进行区分。对一个人无条件地信任，其实是一件非常冒险的事情。因为没有一个人能做到100%让你满意，就连你自己也无法做到让自己100%满意。所以你要区分，对方哪些部分是值得你去托付的，是没有问题的；哪些部分是需要你进行尺度管控的；哪些部分是需要你去弥合和补充的；哪些部分是需要你格外留意的。做好区分，才是理性信任，这点极为重要。

第三步，接纳结果。很多人第一步和第二步都没有做到，当伤害来临的时候，就会陷入巨大的痛苦。以我自己为例，我以前是一个无条件相信别人的人，结果发现身边总会出现当量级不一样的刺激或者伤害。我有一段时间对他人的信任值不是 100 就是 0，把自己完全封闭起来，遇到任何人都会打问号，告诉自己不要相信任何人。但孤独与不安一直存在，于是我开始思考什么才是"有智慧的信任"。

依然有伤害怎么办

我经常说两句话：**如果我打开门，发现你给我的是玫瑰，那我真心感谢你；如果你给我的是牛粪，我就把牛粪接过来，放到我的花园，自己去种玫瑰！**当有这样的勇气的时候，你会感觉到，在整个生命中，你整个人都是闪闪发光的，因为你不惧怕伤害了。

雁涵主张

信任这件事情，说到根本，是你有一份自信敢于相信别人；同时，你也有一份自信，当伤害来临的时候，你有足够强大的能力可以疗愈自己。做到这两点，你就真的可以打开自己，做到无条件地去信任你身边所有的人和事了。

生命中所谓的伤害都是老天给你的功课，只是它的包装很丑陋，那里面一定有关乎自己需要去负责、需要去学习和成长的部分。每一个功课都带着巨大的信息和礼物，关键是你有没有勇气真正去打开它。

爱情中的信任

在任何一段好的感情中，信任都是基础。内在安全感相对比较弱的人，是很难将信任给予出去的。他们所有的信任在给出去的时候，就带着极大的不安和控制。

信任首先来自自信，同时，信任他人的根本来自了解。很多人的信任是很盲目的。某个人出现了，你感觉还不错，于是把自己的信任 100% 交给对方，却忘了，**没有架构在了解基础上的信任是脆弱不堪的**。你只有真正地了解了这个人——比如他有什么样的优点，存在什么样的不足，哪些不足是在自己可接受范畴之内的——在这个基础上去信任他，才是有智慧地信任。

六、成为内心真正强大的女人

我们通常认为某位女性自己能够赚很多钱，处理事情的方法很好，对周遭所有事情的掌控力也很强，非常有能力，就认为这样的女性很强大，冠之以"女强人"的称呼。

1. 强大 ≠ 强硬

很多女人说自己很强大，其实你仔细观察会发现，她不过是强势，是强硬。女人如水，如果把其变为坚冰的话，不符合本有的特性，怎能得到想要的幸福？

每个人都希望自己有一颗强大的心，但步入社会受到挫折，在婚恋当中不顺利，慢慢地，那颗心就变得僵硬了。这是人的正常应激反应，是一种自我保护机制，如同小动物遇到危险会呈现僵硬状态一样。一颗僵硬的心是缺乏感知的，感知不了这个"藏大美而不语"的世界。一颗僵硬的心每天都只会故步自封，很难真正好好地爱自己，当然也就更加难以好好地爱身边所有的人。

想知道自己是真正强大还是软弱，你可以观察你的行为：

如果你还想证明自己什么，你就是软弱的；

如果你还在意评价或好或坏，你就是软弱的；

如果你还有依赖，你一定是软弱的；

只要你还有欲望，哪怕是希望别人变得更好，你必然也是软弱的。

当然，

你可以是软弱的，没人要你一定强大，

但你要知道你软弱，不必再装强大了！

如果你是喜欢抱怨的、强势的、爱提要求的、爱控制别人的、喜欢责怪的、喜欢外求的……这样的行为方式和表达方式说明你的内心并不是真正强大，而是处在内在软弱、外表强硬的状态。

2. 真正的强大是一种柔软

《道德经》中说："人之生也柔弱，其死也刚强。草木之生也柔脆，其死也枯槁。故坚强者死之徒，柔弱者生之徒。是以兵强则灭，木强则折。强大处下，柔弱处上。"

　　这段话的意思是，人活着的时候，身体是柔软灵活的；死亡后，身体就变得僵硬。万物有生命的时候形质是柔软的，死了之后就变得干枯惨败。所以说坚强的东西属于"死亡"一类，柔软的东西属于"生存"一类。因此，兵强则败，木强则被伐、被烧。所以强大处于下位，柔弱居于上位。

　　如果你觉得古人的话没有参考价值，那么，你一定听过电线杆被吹断，但是你听过草被吹折吗？没有。为什么？用物理学原理就可以解释：坚硬的东西阻力大，而柔软的东西阻力小。

　　毫不掩饰地说，我自己曾是女强人，甚至是女强人当中的"战斗强"。最多的时候同时开三家公司，全世界奔波，但我拿到我要的幸福了吗？并没有！朋友们敬而远之，老公和家人抱怨不断。我试图掌控一切，抵消不安；我试图不断证明我的强大。然而，除了到处树敌，我只有疲惫不堪和那些没有温度的钱。除了征服目标之后带来的短暂成就感，我什么幸福感都没有。

　　生命于很多细微处已告知我们真理，但我们一路奔跑，何曾慢一点，停一下，真正思考过这些真理呢？

放得下执着的思维

　　执着是一切痛苦的根源。如果你细思人生的痛苦，会发现，痛苦会产生要么是因为追求了错误的东西，要么就是因为对结果过于执着和渴求。太想要一个结果的时候，必然会为其中的方方面面因素左右。一个真正强大的人，懂得尽力而后随缘，懂得明辨取舍，不会苦求结果。

你可以试着在一件小事情上放下"一定要怎样"的思维习惯，观察结果如何，记下体验。

有一颗能容纳万物的心

容纳不是忍受，而是接受。所有的忍受背后都有压抑。如果你发现自己在忍受，一定要想办法发泄出来。压抑和纠结是对人身体致命的摧毁。远离对错的评判，理解人与人只是不同，有助于你的心容纳万物。（下文有关情绪管理的内容会详细讲到方法）

不争不抢，淡然处事是最高级的教养

水善利万物而不争。我们习惯了所谓被动争抢，而不曾有过主动妥协。我们习惯了索要，如此理所应当，却不习惯付出。即使付出也是盘算好了斤两，即使付出也不过是为了得到相应的"报酬"。

也许你会说："不争行吗？不争，很多东西就不是我的了。"你可以如此理解，但请看看你争抢所付出的代价和结果是什么。你可以尝试不争一次，只是努力做好当下，顺其自然接纳过程和结果，看看到时你收获了什么？如果你愿意如此去尝试一次，我保证这份体验能让你明白很多。

3. 如何修炼自己真正强大的内心

笃定的自信

很多时候，我们遇到问题强撑着，是因为内心非常虚弱。比如，如果你逗小猫，小猫会把爪子张开，其实那一刻，它是不安的；但如果你去碰老虎，老虎只会很无所谓地看看你，因为它深知自己有这样的自信和能力，你敢挑衅它，它就可以征服你，它不需要靠张牙舞爪，因为它内在足够自信和淡定。

清晰、自我了知

你的安全感从何而来？

当你的自信心已经有效地培养到位时，你就学会了真正地爱自己，你开始"接纳自己，允许自己，嘉许自己，鼓励自己"。把这些也许在童年的时候父母都不曾给予的、正向的爱的方式，在当下重新补回来！

上升理性

当你可以客观地了知自己时，你就不会那么在意外界给予你的评价，不会因为一点外在的顺利与不顺利就瞬间兴奋或者抓狂。因为你知道，很多的事情会来也会去，兴奋或者抓狂只是一种情绪状态。你会上升到一个理性的阶段去分析、判断事情，而不是每一次都情绪化地处理。

全然接纳

当有了这份真正的自信之后，你会发现，随着你对自己的接纳度越来越高，你对外在的接纳度也变得越来越高。心理学认为，外在世界只是我们内心的一个投射。当你评判自己的时候，不可能不评判别人，当你不接纳自己的时候，你会发现你也很难接纳别人。

4. 爱自己，由接纳自己当下的全貌开始

全貌包括自己好和不好的部分。我明天会向着更好的方向努力，同时，我不在这个当下责备自己。

"女人要懂得放过自己"，这句话有的人很容易理解偏了，其实

放过自己不是放纵自己，而是不用一种苛刻的标准不断地要求自我。你可以去努力，从而越来越好，但是不能要求那个完美的目标明天一定要实现。那就是和自己较劲，就是不接纳自己。所有的改变都是一个渐进的过程，你没有办法接纳自己，就不会有自信升起，没有自信的内心，就不会真正柔软下来，你就不可能变成一个真正强大的人。

雁涵主张

真正的强大是柔软，真正的强大没有冲突与对立。

真正的强大，是容万物安憩于我们的怀抱，消融彼此的边界。

第 2 课

自我情绪管理与幸福管理

　　情绪的本质是能量，负向情绪产生的时候，如果不进行调整，就会有两个趋向，向内或向外。向内攻击会导致自身受伤，向外攻击会导致他人受伤。我们可以通过自我情绪管理来调节自己。

　　幸福也同样可以通过管理实现，学会管理人生的八大要点，将收获真正的幸福。

一、我的情绪我做主

1. 人生必修课——情绪管理

为什么情绪管理是人生必修课？我们不喜欢的东西可以不吃，不喜欢的地方可以不去，不喜欢一个人可以永远不见他，但情绪却是如影随形，伴随我们的一生的，它左右我们所有的喜怒哀乐。既然逃避不了，不如好好和它做朋友。所以，情绪管理是一堂人生必修课。

情绪不一定都指坏的，高兴是情绪，兴奋是情绪，痛苦悲伤也是情绪。我们现在讨论的是那些可能不够积极正向的情绪，对我们自身的平静和生活形成干扰的情绪。

那情绪从哪里来呢？

细细观察，你会发现，情绪的产生无外乎这几个方面：

·我所期待的东西没有得到，于是沮丧、失落、自怜；

·我得到了，我又失去了，于是或痛苦、懊悔或抑郁；

·我所期待的事没有以我认为的方式出现，于是抱怨、责怪、挑剔；

·我不知道我期待的是什么，于是茫然、焦虑、不安。现在很多人会得一种病，我更想说这是一种症状，叫作"空心症"。比如很多人以考上名牌院校为人生目标，但是真的考上了，却不知道自己接下来该期待什么，于是就会产生茫然、焦虑、不安的情绪。

在这四句话当中，大家有没有发现同一个字是什么？就是我。

所有情绪的发生离不开一个"我"。我要得到，我不要失去。我要快乐，我不要痛苦。我希望获得赞美，我不想面对指责。我希望有所成就，我不希望默默无闻……一切都是"我"。我们那么想赢，我们那么怕输，我们天天盘算自己的得失利损，在围绕着"我"这样的一种状态下，人怎么可能没有情绪呢？

人都有固有的情绪表达模式。很多时候，我们习惯了外指。就是因为他（她），因为家人、同事不符合我的期待，我才有情绪，所以，这都是别人的错！是的，我们习惯了这样的情绪表达方式。于是一个人赞美我、认同我，我就开心。如果他指责我，不合我意愿，我就生气。我们从来不曾看一看自己的内在发生了什么，是自己内在产生了什么期待与外在不相符，才造成了情绪？

2. 自我情绪管理，是情商管理的基础

大部分人对于情商高的了解就是八面玲珑，见人说人话，见鬼

说鬼话。其实，一般来说，情商由三个方面组成：第一方面，情商的基础是自我情绪管理；第二方面，与他人的互动能力与支持能力；第三方面，逆境管理，也就是当你遇到困境、产生压力的时候，你的抗压能力和调整能力有多快。

我们每个人都想提高情商，但是很多人对于情商基础——自我情绪管理却无能为力。

当一个人情绪爆表的时候，他的智商可以说为 0。那些杀人犯杀人之后接受采访，都痛哭流涕地说："我对不起我爸，对不起我妈，对不起我老婆，对不起我孩子……"但是在行凶的那一刻，他难道不知道自己的行为是错的吗？他知道。他为什么还会动手？原因就是情绪已经打败了他的理智。当自我情绪管理能够控制在一个有效范畴内的时候，你会发现你很少冲动，而是很容易进入"客观、中立"的理性思维状态，同时智慧会不断增长。所以自我情绪管理非常重要。

3. 情绪的本质是能量

科学已经验证了宇宙中有三种形态的存在：

· 可感知，可见的，叫作"物质"。

· 可感知，但不可见的，叫作"能量"。

·不可感知，同时不可见的，但是真的存在的，叫作"信息"。

比如说无线电，我们打电话，你看不到信号怎么传递，把手放中间也感知不到，但是它确实存在。因为信息的振动频率超越了我们能感知的范围。当振动频率降低一些，我们就可以感觉到了，这被称为能量。当振动频率更低的时候，我们就可以看到了，这就是物质呈现。

情绪在哪个层面呢？我们经常有这种感觉，心跳加快，血脉偾张，但是肉眼不可见，"可感知，但看不到"，这是**情绪的本质——能量**。其实心理学就是一门研究能量层面问题的临床实践科学。

既然情绪本质是能量，那么有一个词就很重要——"能量守恒"。能量是需要守恒的。怎么解释呢？当你有情绪产生的时候，只要你不调整它，它就会有两个取向，向外或者向内。这个能量向外攻击就是暴力，包括语言和肢体上的。向内攻击，就会导致抑郁症。抑郁症现在特别高发。你的情绪不能守恒时，或者像江河一样，泛滥决堤，或者就像堰塞湖一样，死水一潭。

我们要不时地用**四象限能量状态检视法**检查自己的情绪能量在什么状态，然后再说到调整的方式。能量状态检视图有两个指标、四个象限，一个指标是从正向到负向，另一个指标是从低能量到高能量。

正向高能量：有活力、精力充沛、兴奋、热情、全神贯注、直面挑战、自我提升、提升他人等等。

正向低能量：安静、冷静、平静、宁静、放松、焕然一新、和谐、享受当下、充分休息、内外合一等等。

负面高能量：愤怒、怀疑、沮丧、担忧、急躁、压力、负面的挑战，认为所有的事情都是问题，等等。

负面低能量：怨恨、后悔、内疚、嫉妒、自卑、绝望、挫败、羞耻、尴尬、责怪等等。

能量状态检视图

正向高能量

有活力、精力充沛、兴奋、热情、全神贯注、直面挑战、自我提升、提升他人等等。

负面高能量

愤怒、怀疑、沮丧、担忧、急躁、压力、负面的挑战，认为所有的事情都是问题，等等。

正向低能量

安静、冷静、平静、宁静、放松、焕然一新、和谐、享受当下、充分休息、内外合一等等。

负面低能量

怨恨、后悔、内疚、嫉妒、自卑、绝望、挫败、羞耻、尴尬、责怪等等。

哪种情绪状态是最好的情绪状态？有人可能会说，正向高能量特别好！既热情，又精力充沛。但是心理学上不认为这样的情绪状态叫作好的情绪状态。因为根据能量守恒定律，有一个很"嗨"的值，必然有一个低落的值。在人群中属于兴奋型或者"热场型"的人，他们私下里多半不是这样的。比如很多喜剧和相声演员，回到家里面都不怎么说话。因为情绪能量自动处于守恒的状态，他们在舞台上已经"说够"了。心理学中认为"稳定"是一种好的情绪状态。所以正向低能量中有一个"静"字，静生定，而定生慧。静才是最好的情绪状态。

我一直提倡"睡前一个小时远离手机"，远离和外在事物的连接，回到自己的内在，静静地坐在那里，或听一段音乐，或进行一段冥想。这对每个人来说，都是很好的自我调节情绪能的方法。

4. 几种常见情绪调整方法

焦虑

焦虑是所有情绪类型中最轻的一种，但最为常见。它不像愤怒、伤心、嫉妒，让人非常抓狂，难以忍耐。但如果从现在开始，你什么都不要做，就坐着，不许看手机，不许聊天，把眼睛闭上，五分钟之后焦虑就产生了。为什么会如此？因为我们大脑的运作机制就是这样的。当你有意识地观察自己头脑中的念头的时候，你会发现，你即使很认真地在上课、在读书，也绝对会在某个刹那有一个念头："待会我参加聚会时穿什么衣服比较好？"上班的时候，

人生要素测试表

健康

序号	问题	3分	2分	1分	0分	自我评分
1	你每天的睡眠时间是多少？	8小时以上	5~8小时	3~5小时	经常失眠	
2	睡眠期间是否多梦？	否	间或	最近比较频繁	经常做梦	
3	每天的食欲是否正常？	是	遇事食欲不振	最近食欲较差	否	
4	每天的饮食时间是否固定？	是	偶尔会有差错	忙的时候经常遗忘	经常不食	
5	最近是否有体重急速减轻倾向？	否	1年以前有过	半年以前有过	最近体重严重下降	
6	是否满意性生活？	很满意	一般	应付	不满意	
7	每天是否有固定的锻炼时间？	定时锻炼	经常	偶尔	没有锻炼的习惯	

小计得分

事业

序号	问题	3分	2分	1分	0分	自我评分
1	如何看待你现在所从事的事业？	可以实现自身价值	是自己的爱好	为了生计	完全被迫	
2	你是否在自己的事业中不断提出新的挑战？	是	是因为环境所迫	最好保持现状	否	
3	你是否觉得现在的工作是一负担？	不是负担，我做起来很有干劲	有点压力	期待周末	是	
4	你每一天的实际工作时间是多久？	8小时以内	8~12小时	12小时以上	低于2小时或超过12小时	
5	现阶段工作中的问题你是否能解决？	能	一般	不太满意	很不满意	
6	你对现阶段工作成果是否满意？	很满意	一般	等待退休	最好马上退休	
7	你是否清晰未来事业的方向，并且有信心达成目标？	方向清晰，并且很有信心达成	方向清晰不过达成目标还有很多挑战	方向不清晰，但有信心	方向不清晰，也没有信心	

小计得分

财富

序号	问题	3分	2分	1分	0分	自我评分
1	你现在是否有经济上的压力？	否	还可以	一般	是	
2	你是否有稳定的收入来源？	是	相对稳定	时断时续	否	
3	你觉得现在的财富收入是否已经适合你的消费？	适合	还可以	拮据	不够	
4	你是否懂得打理你自己的财富收入？	是	只是存钱	偶尔才想起	不理财或投资失误	
5	在金钱上你是否觉得控制它是一种压力？	我可以轻松控制	偶尔会失控	时常担心会失去	我无法控制和管理	
6	你是否在为金钱而烦恼？	从来不担心	偶尔会担心	为钱焦虑	非常烦恼	
7	你是否愿意为自己花钱满足愿望？	是的，为自己适度地花费	只有特别的理由才会买	不太买东西给自己	从不买东西给自己	

小计得分

人际关系

序号	问题	3分	2分	1分	0分	自我评分
1	你是否有一些可以无话不谈的朋友？	有很多	只有几个	只是普通朋友	没有	
2	对于交往一个陌生的朋友你是否有障碍？	我通常会主动地结识陌生人	我可以很快地认识一个陌生人	我在人群中比较被动	很久没有认识新朋友了	
3	你觉得在人际关系中你是否有影响力？	很有影响力	我的意见会得到重视	我是人群中的跟随者	我是人群中被忽视的对象	
4	你最常用的宣泄负面情绪的方式是什么？	倾诉	封闭	发泄	购物	
5	你在休闲活动中希望有朋友的加入吗？	主动邀请朋友参加一同参与	希望朋友们的加入	如果有朋友愿意加入我不反对	我只喜欢独自活动的项目	
6	当你需要帮助的时候，你是否可以寻找到适合的人来帮助你？	朋友们都很愿意帮助我	我不肯定他们是否愿意帮助我	我很难向朋友们开口	我不愿意向朋友开口	
7	一般你和朋友的关系可以维持多久？	3年以上	1年以上，3年以内	按照自己的喜好而定	不知道	

小计得分

姓名：　　　　　　日期：

快乐

序号	问题	3分	2分	1分	0分	自我评分
1	你有固定的休闲方式吗？	有	随意	很少	没有	
2	当你获得了一些成果的时候，你是否会奖励你自己？	我会奖励自己	想到但没有做	很少	我不会奖励自己	
3	你对自己的现状是否满意？	很满意	基本满意	麻木，没有感觉	不满意	
4	你最近一次开怀大笑是在什么时候？	我经常开怀大笑	偶尔会有	记不得了	我很少会开怀大笑	
5	在沟通中你是否能够带给身边的人快乐？	我是别人的快乐之源	我自己经常是快乐的	别人常问我，你为什么不开心	我很不开心	
6	你是否感到生活的压力让你喘不过气来？	我感到生活很轻松	有压力，但可以接受	我感到生活没什么意思	我觉得生活中实在压力太大	
7	最近是否有困扰你的事件发生？	没有	偶尔会有但在掌控之中	时常出现让我觉得难以控制的情况	有很多	

小计得分

学习

序号	问题	3分	2分	1分	0分	自我评分
1	你是否有学习的主攻方向？	有明确的学习目标和方向	我的学习兴趣随着情绪起伏较大	我虽然知道要学什么，但是缺乏动力	我不想学什么	
2	现在你是否觉得所学已经足够适用于你现在的工作？	足够应付，但是我会继续学习	当我需要时我总能够找到我所需要的	我觉得学习的作用一般	我觉得学习没有什么用	
3	你是否可以专注地学习某一类专业知识？	我可以长时间专注于一项科目	我能在一段时间内专注，但不能长时间	只有在有压力的时候我才会专注	我的内心很躁动不安	
4	你所学习的知识是否能够应用于自己的工作中？	我能学以致用	我很努力，但学习的效率比较低	我学习了很多但都忘了，用不上	我所学习的与我的工作无关	
5	你是否能保持持续地学习？	是的，我不间断地学习各种有用的知识	我每隔一段时间会学习一项新内容	我偶尔学习	很少学习	
6	你可否独立地研究一个课题？	我知道如何开始和完成一个项目的研究	我知道如何开始，却很难很好地完成一个项目	我很少独立承担一个课题，容易依赖别人	我从没有独立研究过一个课题	
7	你是否经常分享你所学的内容？	经常主动把所学的分享给身边人	有机会会分享	偶尔分享	只管自己学习，很少分享	

小计得分

灵性成长

序号	问题	3分	2分	1分	0分	自我评分
1	你是否明确自己的人生目标和方向？	我有明确的人生目标和方向	我在探索自己的人生目标	人生就是一天一天地过不要想太多	我对自己的未来觉得很茫然	
2	你现在所做的是否能够给你带来快乐？	我觉得自己的每一天都是快乐的	我觉得偶尔不快乐，但会自我调节	我现在做的事都是在还债	我觉得人生就是痛苦的	
3	你是否有宗教信仰？	我有自己的信仰但不迷信	我有宗教情怀，但对信仰还有一些迷茫	我有兴趣	我没有任何信仰	
4	你的快乐能否与人分享？	我的快乐就是大家的快乐	我喜欢告诉大家我的快乐	我的快乐只属于我自己	别人不太理解我	
5	你觉得最大的快乐来自哪里？	我最大的快乐来自自己内心的成长	我的快乐来自事业与家庭	快乐对我来说是奢侈的	我没有什么特别的快乐	
6	如果现在有人伤害你，你的反应是？	宽恕	报复	伤害	无奈	
7	如果你现在正在遭受着痛苦，请问你内心真实的声音是？	完全是我自己的责任	我发现我真的有错，但不知道错在哪里	部分是我的责任，绝大部分是环境和他人的	是他人和环境的责任	

小计得分

家庭

序号	问题	3分	2分	1分	0分	自我评分
1	目前在你的家庭关系中是否还存有隐患？	我的家庭结构非常稳健	我对自己的家庭基本满意	我对于家庭没有什么太大的奢望	我的家庭结构已经濒临破裂	
2	你是否已经拥有亲密关系的伴侣？	我已经拥有了稳定的爱侣也非常幸福	我觉得对方还算合适	我还在不断地寻找中	我的亲密关系正在遭受冲击，我也很不满意	
3	在你的家庭中你是否已经发挥你应有的价值？	我做到了我该做的，而且我会做得更好	做得还不够，但我在努力做得更好	我在做，但觉得很累	我不知道我该做的是什么	
4	你和家庭成员之间是否能良好地沟通？	我们经常深入沟通，没有任何隐私	我们给彼此空间，不冲突	我们不太管对方的事情	我们很少沟通，也很陌生	
5	你认为自己对家庭的付出程度如何？	付出很多，并且不求回报	付出，但也期待别人回报	很少付出	基本不付出	
6	在亲密关系中你的满意指数是多少？	非常满意	满意	一般	厌恶	
7	你每一天下班后想回家吗？	是的，很想回家和家人一起	一般	不太想回家	讨厌回家	

小计得分

会想："我回家之后要干点什么？"聚会的时候，也会想："我有报告还没有写完。"上班路上可能还在想："我周六、周日要不要去郊游？"

大脑就是这样，它要不然把你带到过去，让你产生后悔、遗憾、不舍得、不甘心、自责、愧疚等情绪；要不然就把你带到未来，因为未来还没有发生，所以它带有强烈的不确定性，而不确定性会激发一个人的不安全感，于是你的焦虑会迅速产生。

焦虑有什么改善方法呢？

第一，书写。主动把焦虑的事情写下来。写下坏处和好处，记得写的好处要比坏处多。

大家可以养成一个习惯，就是用笔去书写。书写的原因是什么？用笔写出来是我们从潜意识到显意识的一个整理过程。潜意识中是没有逻辑的，它只是储存一些感受，是碎片化的。当开始动笔的时候，它就被调动到显意识层面了，就变成了有逻辑的和规范的，因此，书写对于焦虑这种情绪会有非常好的缓解作用。

我们对未来所有的思考，几乎都是建立在恐惧的基础上的。比如我们在联系另一半的时候，突然找不到他了，有多少人第一时间会想：我的另一半可能是中彩票领奖去了？一般不会，基本上都是在想他在干什么？他是不是出了什么事？我们会很容易想到事情不好的一面。让我们把焦虑写出来，把好处写得比坏处多一点，潜意识中检索出来的就不再是负面的信息了。

第二，学会和潜意识对话。

我们先要了解一个定律，墨菲定律。墨菲定律即"**我们越担忧的事情越会发生**"。原因是什么？我们的潜意识是听不懂"no"的。譬如，"我不要生病"，结果你很快就生病了。"我不要失去"，结果你很快就会失去。潜意识只能听到最后的词"生病""失去"，而潜意识的最大的本领就是全力以赴满足你的需要。

知道这个定律之后，你要记得当下的生活无论如何呈现，也不要抱怨任何人，不然潜意识就会根据"你的意愿"使生活呈现出你不想要的结果了。

如果你想要让你的生活越变越好，就要学会正面与潜意识对话。不说"我不要生病"，而是说"我要健康"。不说"我不要失败"，而说"我要成功"。掌握这个技巧之后，你就会发现，好的事情会越来越多地出现在你的生命里。

愤怒

人为什么会愤怒呢？因为我们所期待的事情没有按照意愿发生或发生的与我们认为的严重不符。

遇到愤怒这种事别忍。你忍的结果是什么？情绪的本质是能量，能量如果总在一个压抑的高压锅里反复烹制，不给其一个减压阀，绝对有一件事会让你"爆"掉。

愤怒其实是一种极端情绪的表现，一般人有两种处理方式：第一种是"我就是这个样子，你们爱怎样就怎样，我脾气暴，我直接，我发完火就没事了"，这种方式会让别人很难受。第二种是，在公司所有的事都忍着，但是回家后跟家人发脾气。用第二种方式的人会让自己和家人难受。而且这些人长期没有其他疏通方法，很容易得抑郁症，要么就是身体产生器质性病变，比如得恶性肿瘤等。所以，如果这一刻你发现你是在憋着，赶紧发泄出去，因为所有的情绪积压对身体都是巨大的损害。忍不是办法，我们要学会化解。

那如何化解愤怒呢？可以通过改变思维角度或者是调整行为来达到。

第一，觉察。

"愤怒"具有即时性，可能短时间内就会爆发，而很多人一发完脾气就开始后悔自己说错了话，做事过于激动，等等。如果能在事先保有觉察，问题就会比较简单。我们要学会在日常生活中观察自己的身体、情绪的变化，时刻保持敏感和冷静。

第二，远离人或者环境。

如果你意识到自己的愤怒已经要喷薄而出，记得选择迅速离开刺激你的人或环境。如果不能长时间或彻底离开，可以说"不好意思，我去接个电话"，然后迅速离开。

第三，愤怒快速止息法。

眼球按压法。当愤怒上来的时候，心跳速度会非常快，机体已经做好"战斗"准备，人会感觉体内有一股无名火往上涌。所以暂时离开人或社会环境后，你要到一个比较安静的地方，闭上眼睛，将食指和中指落在眉骨下方的位置，向里按压，每隔三秒钟抬一次，持续7到21次，你就会发现自己的愤怒情绪在逐渐减轻。从技术层面分析，愤怒时的脑部血液流动速度很快，而眼睛后面是动脉血管，我们可以尝试用降低眼压的方式降低血压，平复愤怒。

颜色观察法。如果你暂时无处可去，可以尝试"颜色观察法"。

第一步，闭上眼睛做三次深呼吸，慢慢去感受愤怒正处在你身体的什么位置，一般情况下，很多人描述是在胸口的位置。

第二步，"观察"愤怒所在位置的颜色、大小、温度。通常人会觉得自己的愤怒是红色或者黑色的，是很热的，有的人觉得它有足球或篮球那么大。

第三步，尝试改变它，可以选择先改变大小，也可以选择先改变颜色。从你最为敏感的一项开始。比如颜色是红色，你就想象红色慢慢变成粉色，接着变成灰色，然后变成白色。比如你觉得愤怒的大小如篮球时，你可以想象它从篮球变为足球，再变成网球、乒乓球，而此时，你脑海里的温度也会明显下降。

第四步，可以再想象这个白色的乒乓球是一个透明的玻璃球，你用右手按住愤怒位置，并把它从身体里"拿"出来，抛向空中，它将化成任何你喜欢的"和平、美好的小生命"飞走，比如蝴蝶、鸽子等。

这四步完成之后，愤怒基本就会消失了。

第四，事后整理收获。

一时的疏解并不等于真正的化解，你需要在问题解决之后，及时复盘总结。你可以拿出一张纸写下事件始末，也可以准备一些弹球或小玩具，用力扔出去，直到自己平静一点时，再做客观的反思和整理，发现自己需要调整的部分，再深度思考改善方法，以便以后平和处理问题。

以上都是正向积极面对愤怒的方法，供大家借鉴。

攀比与嫉妒

嫉妒是如何产生的？ 嫉妒来自别人拥有了我们想有而没有的东西。

什么样的人容易嫉妒呢？ 小时候经常被比较的孩子长大容易嫉妒。嫉妒源于攀比，而攀比心理的形成要追溯到我们的原生家庭。很多从小就被迫和邻居、周围的同学比较的孩子，长大后容易形成攀比心理。因为他们在被批评的环境中长大，容易形成评判别人的思维方式。如果自己比别人优秀，就会扬扬得意，反之就会嫉妒。

一般来说，正常人在比较过程中都有三种心理状态：

· 比我们好特别多的人我们会羡慕，比如马云、李嘉诚，或者某位明星，或者某位王妃。

· 比我们差得多的人我们会表示不屑：哼，这个人很差，没有教养，收入低，穿得不干净，等等。

·和我们差不多的人我们才会嫉妒。凭什么是她，凭什么不是我？这其实是对自己和他人都没有任何好处的一种情绪状态。

那如何克服攀比与嫉妒呢？

首先，用欣赏替代攀比。

女生 A 告诉我，她最近非常不舒服，因为发现自己和女生 B 同时出现在一个场合时，男生总是更关注女生 B。所有人都喜欢和女生 B 聊天，她觉得自己并不差，但只要和对方一起出现，就会受到冷遇，所以又愤怒又嫉妒。

后来我问她："女生 B 有什么优点吗？"

女生 A 不悦地说："没觉得有什么优点，长得也没我好看。衣服穿搭也很一般。（努力想了想）反正，我没发现她有什么优点。"

我又问她："如果是某一次你们在一个场合，她比较受欢迎，这是偶发事件。但每次你们一起出现，都是如此，她如果没有优点，你觉得大家为什么喜欢她呢？"

她冷静思考了一会儿，说："我觉得她的表达能力的确是很好的，情商蛮高，能很快明白别人在想什么，知识面也广，可以迅速跟别人聊起来。"

我说："那你呢？"

女生 A 说："我的确不太行，比较内向，表达能力不好，这点不如她。"

在这个案例中，女生 A 最开始说"我没发现她有什么优点"，这句话从深层次讲，就是她平常根本没有观察到女生 B 的优点。所以我慢慢引导她，让她发现对方的优点，并且给了她一个解决方案，就是用欣赏去替代攀比。

之后，女生 A 和女生 B 的关系缓和了很多，俩人同时出现在一个场合，女生 A 也不容易产生受到冷遇的感觉了。

雁涵主张

一直处于比较中，总会让我们心里很不舒服。换一个角度，开始欣赏对方，发现别人身上有的自己没有的特质，加强这方面的培养训练，成为更好的自己。这不就是帮助我们自己吗？

其次，用赞美替代嫉妒。

嫉妒往往会燃烧我们的心力，赞美其实是一种能很好地化解嫉妒的方法。很多人觉得自己做不到，说："天啊，我都已经嫉妒她到这个程度了，还要去赞美她？怎么可能！"可如果你能稍作观察，就会发现，让你嫉妒的对象一定有些你想有而尚未拥有的特质。你能给予他一分赞美，嫉妒就会下降一分。长此以往，养成习惯，就可以成功地规避嫉妒所产生的负面影响了。

再次，让自己更卓越，是超越嫉妒的方法。

你比别人优秀一小步，别人才会嫉妒你，如果优秀一大步，或者很多步，别人就会羡慕你了。

我们嫉妒的，大多都是和我们差不多的人。比我们优秀很多的人，我们很少会嫉妒，对他们的情绪更多是羡慕和崇拜。

很多女性会嫉妒一个和自己条件差不多的却嫁给富豪的人，但她们却会羡慕一个女明星嫁给富豪。我们会嫉妒一个身边貌似没什么本事却买了别墅的人，却会羡慕王健林先生这样以"1个亿"作为小目标的人。

所以，如果你不想嫉妒别人，请让自己"变得优秀"；如果不想被别人嫉妒，请让自己"变得更优秀"。嫉妒和怨天尤人是毫无意义的。只有明确自己的目标和使命，并全力以赴，你才能获得期待的一切。

那如果总被别人嫉妒该怎么办呢？

以我自己为例，从小到大，我总被施以一个挥之不去的"魔咒"——被人嫉妒。上学时，被老师喜爱；上班后，被领导欣赏；生活中，也时常有男性追求。所以我走到哪里，总有一个或者几个人嫉妒我。一开始，我尝试安慰自己：那是因为我为人善良，也算聪慧，长得不太丑，也算是读过一些书，她们不具备这些，所以才嫉妒我。

　　一个偶然的机会，一位平常很沉默寡言的女性朋友忽然约我吃晚餐，我不明所以地赴约，她突然发问："你知不知道很多人嫉妒你？"

　　我无奈地答："我已经习惯了。"

　　她又说："你知道为什么吗？其实你的优秀大家是认同的，而大家接受不了的是你的傲慢。"

　　我一时语塞："我很傲慢吗？"

　　她告诉我："你可能不知道，凡是你出现的场合，你总要成为众人瞩目的焦点。不管别人做什么，你总能挑出一堆问题，很少赞美、认同别人。"

　　那一刻，说实话，我很委屈，因为我觉得自己从来没有想要成为焦点，于是马上反驳："那是因为别人真的做得不完美啊，我在帮助他们，不是吗？"

　　她说："大家的共识是，你帮助别人的方式会让人感到你'不屑'，而不是'支持'。"

　　我很震惊："真的吗？"

　　她说："这是大家的共识。不论出现在什么地方，你的脑门上就写着两个字——'骄傲'，所以大家总是对你敬而远之。"

　　……

经过那次交流，我开始留意自己的言行，反思自己为什么会给别人带来那样的感觉。而学习了心理学后，我逐渐意识到"骄傲"和"自卑"其实是情绪的一体两面。一个人内心越自卑，表面就会越傲慢。自小，太过优秀且严苛的父母就不允许我犯错误，这使我变成了一个完美主义者，总觉得自己不够好。所以一路走来，无论是否符合大众的优秀标准，我总是自卑的。这导致我无论在什么场合，下意识地就想证明自己的优秀。

此后，我一直努力培养自信，学着接纳自己的不完美，面对他人保持恭敬、平和的态度，少有挑剔。一段时间后，果然很少遇到明显对我表达嫉妒的人了。

压力

压力是每个人都不可避免的一种情绪感受。一个人的压力或者来自目标，或者来自人际关系，很多人甚至因为巨大的压力而影响睡眠，易怒，工作效率降低，抗拒与人互动，一直处于低能量的亚健康身心状态。

"既然逃不掉，不如处理好"，我们来看看如何处理生命中的那些压力。

在心理学中，关于压力的标准解读，叫"不胜任感"。用影视剧中的台词来形容就是："臣妾做不到啊！"

　　下图是一个压力模型，可以让我们了解压力从何而来。图中有三个圆圈，最里面的圆圈代表事件 A，中间的圆圈代表你的能力，外面的圆圈代表事件 B。如果你的目标和具体的事件（事件 A）在能力范畴之内，这个距离叫作轻松；当你的能力在你的目标和具体的事件（事件 B）之内，这个距离叫作压力。

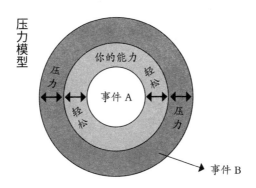

　　举个很简单的例子，让我们举起一个杯子，我们会觉得很轻松；但如果让我们举起 100 千克的杠铃，那么焦虑就会迅速产生。这就是不胜任感所带来的压力。

　　那如何缓解压力呢？

　　第一，降低目标，管理欲望，与能力匹配。

　　我们的世界是充满欲望的，也是充满比较的。在无限度的被集体无意识裹挟的过程中，我们根本停不下来，也不愿停下对欲望和目标的追求。"我想要大房子。""我想要豪车。""我想实现一个小目标，先赚 1 个亿。"有目标是没有错的，但如果这样的压力让人不堪重负，甚至让人焦虑爆表，从而产生低价值感评价，导致身心进入亚健康状态，那就得不偿失了。

所以，如果现在的能力没法让你满足愿望，或者说能力暂时有限的话，怎么办？

第二，学会接受和欣赏当下的自己，然后带着匹配的目标前行。

以我个人为例：

我刚刚上班的时候，第一个梦想是有一辆宝马车，然而当时我一个月的工资才 800 元（1996 年左右），一想到什么时候才能攒够钱买一辆宝马车的问题，压力就会非常大。当时我在大街上看到任何一辆宝马车，就会感到焦虑爆表。后来我意识到这样是不行的，于是我把目标降低了，希望自己未来有可以代步的车，这样一来，压力瞬间小了很多。当然，后来经过奋斗，我发现自己随时可以买宝马车了，但那时我已经不喜欢宝马车了。

这不是笑话。我们可以看到，欲望是如何作用于我们的压力的。

第三，管理自己的目标和欲望是一个重要能力。

我们时常都以为拥有物质能够让我们获得尊重，能够让人家高看我们一眼，甚至可以给我们带来很多其他的东西，但实际上，拥有物质只能解决物质问题。它或许可以带来短暂的满足感和成就感，但给不了我们长久的精神上的愉悦，更给不了我们轻松和快乐。

其实，适度的压力不是坏事。人不能没有一点压力，因为压力也是成长的催化剂。当一个人找到自己的兴趣和梦想，再结合一个可执行的目标时，努力的过程其实是一个享受的过程。但现在，很多人为目标奋斗的过程都是煎熬的："我忍，我一定忍。"他们在付出的过程中没有享受。攒钱买大房子，攒钱换豪车，但他们从来没有享受到小房子带来的乐趣，享受到普通家用车带来的便捷。即使有一天他们实现了愿望，也会发现不过如此。所以，当我们感受到压力来自于个人的欲望时，降低目标是一个好的方法。

雁涵主张

有压力不是坏事情。很多时候，我们的成长会来自目标和适度的压力。但同时也要了解自己当下的能力边界，"降低过高期待"，管理好在个人欲望方面的目标，这样才能愉悦地享受努力的过程，收获圆满的未来。

5. 不可抗拒的逆境

我们那么喜欢赢，我们那么害怕输；我们想要永远快乐，我们不想经历一点痛苦。我们嘴里喊着"没有人能随随便便成功"，但我们希望稍微努力就能看到成果，如果看不到，就觉得不公平。我们希望想要的马上能得到，并且越多越好；不想要的最好不要出现，永远不要来到。一旦事与愿违，我们会说，这是逆境，太可怕了！于是我们看星座，大喊"水逆快过去"；我们找风水大师，希望依赖他们改变当下。各种派别的灵魂导师应运而生。但我们忘记了一个重要的角色，就是自己！我们忘记了求助自己："我应该怎么做，才能让好的事情发生？"

事情如何发生不是关键，关键是如何解读

首先，"痛"和"苦"不是一回事。妈妈生宝宝的时候，据说是12级的疼痛值，痛吗？一定的，但她苦吗？不一定。对大部分妈妈来说，对一个新生命的期待和孩子到来的幸福感，已经使她们完全沉浸在"甜蜜的等待"中了。

其次，你的心情与外在无关。我们都有过这样的体验：

同样是下雨，如果是在你和相爱的人一起漫步时，你会觉得浪漫；但如果是在饥肠辘辘的下班堵车时段，你就会抱怨。这是雨天的缘故吗？

同样是阳光明媚，如果刚刚升职加薪，你一定欣喜若狂，说"天气真赞"；但如果刚被批评完，或者刚刚失恋，你一定觉得阳光

刺眼。这是阳光的问题吗？

同样是别人的一句调侃，你可能因为当天情绪不错，选择了自嘲；但如果赶上那天心情不好，你可能瞬间就会抗拒，认为别人是在奚落你，不尊重你。这是别人的问题吗？

事情发生之后，你的感受取决于你内在的认知。你是如何给自己讲故事的？如果"所有的事物都是两面的"这个哲学观点成立，那么你能否把一个坏故事讲成好故事？

你可以整理自己的过往，把你认为受到伤害的事件重新梳理一遍，把它们组成一个能令你有所成长和收获的好故事，讲出来，并加以感恩。

困境是一个蓄能的过程

首先，我来说一个心电图理论。

2003 年"非典"期间，母亲因拔牙造成感染，高烧入院，我的心情糟糕到极点。我在病床前守候，看着监测器上的心跳指数，因为那几天没怎么休息，整个人都是恍恍惚惚的。但就在那一刻，我突然明白了一个道理，那就是每一次心跳曲线的上扬，必然伴随一段下弯的曲线。是的，如果一个人心跳曲线一直呈现出"更高更快更强"的态势，那就意味着他会猝死；如果一个人的心跳是一条直线，那么又意味着什么呢？我们总希望自己的生活越来越好，或者一直平静，但自然之道告诉我们，那是不可能的事情。每一次下弯的曲线，是为了下一次更有力的跳动。

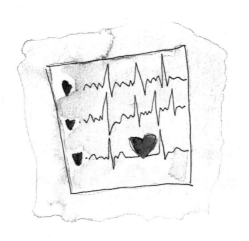

如同你每一次起跳前，必须下蹲；每一次出击前，必然先收回手臂；忙碌一天，你必然要躺下睡眠。这一切的一切，不过都是为了积蓄能量，为下一次突破做准备。

其实，真正的成长，来自逆境。

我有过两次重度抑郁的经历（完美主义的人，渴望证明自己的人，是抑郁症高发群体）。在那段不堪的时光，我每一天都很无望、无助，给自己低价值感评价。自卑，自怜，与世隔绝，每天都在想：该如何死去，可以不过于难看？或者是，有没有人记得我？那些伤害我的人，会不会因此后悔莫及？这个过程不再赘述了。总之，在一次节目中，我如是描述：我穿过我的灵魂暗夜，我知道我是怎样跪着爬出了那段时间。但走出来之后，我突然发现我强大了，我不害怕了。因为我知道，一切会来，一切也终究会过去，只是需要一些时间。

在此之后，我发现我活得真实了，我不再对自己说谎，我接纳自己的不完美，我接纳生命给予我的所有悲喜，且处之泰然。我开始更关注内在的感受和觉性的开发。我在助人的时候更加有力量，我所拥有的，不仅是完善的心理学体系和过往的知识积累，更是鲜活的体验！所以很多学生跟我见面后，经常会发自内心地说："我想成为您那样强大自信温暖的人。"我说："没有问题，你一定可以——只要你扛得过那些苦难。"

珍惜你生命中出现的逆境

我听过一句特别精彩的话，关于逆境。

"那是老天给你的一份大礼，只是包装有点丑陋。"你能不能收到这份礼物，关键在于你有没有勇气打开它。

遇到逆境，抗拒、启动逃避模式是很多人的本能。只是更有智慧的人，会选择面对、接纳、学习，然后提升自己，攀爬上下一个高峰。

但是，凤凰涅槃，不是说说那么简单的。

每个父母都渴望子女出人头地，成龙成凤；我们也渴望自己可以活得令人尊重，与众不同。但没有经历过磨砺，以上都是绝无可能的事情。少听那些成功学的讲解，它们只能让你丧失理性。也不要羡慕别人的成功史，因为无从复制！而且那些人前光鲜的人，不曾将背后的苦难讲给你听过，但我听了太多，知道这世界上的成功没有捷径。即使郎朗、泰森及各行各业的所谓天才，也是基于无数勤奋的累积方才成功。

如果你真的想成为凤凰，必须经得起淬火的洗练。困境就是最好的试金石，试试看。你可以选择逃避，可以选择放弃，安于做一只小鸟，每天飞飞停停，进食鸣唱，也没有什么不好。那你就不要羡慕凤凰飞在九霄之上。他的苦难你未曾经历，他的喜悦你便无从拥有。

珍惜你的困境，你会因此与众不同。

6. 情绪管理三大法宝

运动

压力带来的焦虑是一种情绪，而情绪的本质是一种能量，无论哪一种情绪，都会在我们的身体中留下信息。我们肯定都有这样的体验，人在紧张、焦虑的状态下，身体是收紧的，表情是凝重的。

在这个时候，"运动是减压最为快速的方法"。当你觉察到身体紧绷、压力爆表时，快步走 30 分钟或者慢跑 15 分钟（如果时间和空间有限，可以原地开合跳 30 次，做 5 组），如此一来，焦虑状态会大大缓解。

冥想

大部分现代人睡觉前的模式都是刷手机，无论是玩游戏、看电影，还是聊天、刷朋友圈，实在困到不行了，再昏沉地睡去，其实这样的方式非常影响睡眠质量，会导致第二天起不来，上班的心情也会非常沉重。

我一直主张"睡前半小时关掉手机，切断与外界的一切联系，和自己待在一起"。我们可以放一段瑜伽音乐或者轻音乐，然后开始打坐。这是一种特别令人放松的方式。在这种轻松的状态下入眠，睡眠质量会非常高。在这里，我请大家**每晚坚持睡前 10~20 分钟的冥想，持续 100 天，你会发现身心宁静。**

自由书写

自由书写的方法对于转化和整理潜意识特别有帮助，尤其是当我们无可避免地面对一些因职场人际关系带来的压力的时候。

人生活在群体中，因为对事物的认知角度不同，容易造成分歧，导致各种情绪问题的产生。职场更是如此。

遇到这种情况的时候，自由书写就是一个非常好的缓解方法。如何自由书写呢？

第一步，我们需要先明确一个问题，譬如：我和某某吵架了。

第二步，描述过程和当时的心理感受（双方都说了什么，你当时是什么感受，你察觉到的对方的表情和状态）。

第三步，重新讲故事。以第三人称的角度重新描述过程，并在其中发现自己多做了些什么，少做了些什么，最终导致冲突的发生。

第四步，问自己"这件事情发生的好处是什么"，或者"我还能做什么让好的事情发生"，然后总结关乎自己可以成长提升的部分，并制订执行计划（和好，通过沟通缓和关系等）。

第四步的意义特别重要。为什么呢？因为当一件不好的事情发生的时候，你是活在过去的，当你说"我还能做什么让好的事情发生"的时候，你的目光就投向未来了。你不会一直在这个事件的细节当中纠结和挣扎。其实所有事件的发生只有一个目的，就是让你通过这个事件学会应该会而未曾学会的内容，然后迅速消除事件带给你的负面情绪影响。人不能一直背着包袱前进。我们会看到很多老人走路特别轻松，比如我妈妈 80 岁了，走路比 60 岁的人还轻松，因为她从来不活在过去，永远乐观地面向未来。

找到你生命中一件让你一直难以释怀的事情，用自由书写"四步曲"的方法，重新讲故事。

二、我的幸福我掌控

我们不断呼喊着"我要幸福",并不断地努力着,得到或失去,似乎幸福出现过,但也只是刹那,我们不知道如何得到长久的幸福。

很多人追求成功,认为"成功了,我就幸福了",但成功与幸福有什么关系?

我们一直期待着发生些什么,我们就幸福了,或者找到某个人,我们就幸福了,可从来没有想过,幸福还可以由自己掌控。

1. 什么是幸福

幸福是指一个人因为需求得到满足而产生的长久的喜悦感,并希望保持现状的稳定心情。

幸福是一种主观感受。对于饥渴的人,一餐美食就是幸福;对于生病的人,痊愈就是幸福;对于孤独的人,有人陪伴就是幸福。

幸福有时候似乎只是一瞬间的感动:下雨时,撑在头顶的一把伞；天寒时，恰到好处的一件外衣；流泪时，静默的陪伴。

2. 为什么现在的人的幸福感受力越来越低

记得在 15 年前，我买了一套精装修的房子，送给妈妈做她的生日礼物。妈妈非常意外且惊喜。我问她："您幸福吗？"妈妈开心地说："太幸福了！"我问她："您觉得幸福是什么？"妈妈想都没想就说："以前我觉得只要房子不漏雨，就是幸福。"

我当时就哭了。

我们父辈那一代人，物质上很贫乏，家里连一件像样的家具或者电器都没有，但幸福感受力特别高。现在物质极大地丰富了，只有想不到的，没有买不到的，为什么我们反而觉得越来越不幸福了呢？

成长环境的烙印

一个人如何认知幸福，和原生家庭息息相关。如果在儿童时期，父母给予孩子充分的理解、呵护、接纳和鼓励，这样的孩子长大后更容易于微小处感受幸福。反之，父母若是对其责罚、控制、要求比较多，那么孩子长大后，将极不容易认可自己，对自己极为挑剔，不满足于当下的状态，也就是老话说的"不知足"。如此一来，其人生必然成为一场疯狂的追逐与证明的苦旅，又如何感受幸福呢？

相互比较的结果

在改革开放之前，大家的生活水平都差不多，城市中的居民拿固定工资，每一家收入都差不了太多，顶多因为家中孩子多寡，生活水平有所差异。但如今经济高速发展，社会阶层开始分化。而我们对于阶层的定义，似乎只有一个维度，就是拥有财富的多少。我们总是仰望那些非富即贵的人，认为那样的人生才是完美的人生。再反观自己和他人的巨大差距，就会对自身产生低价值观评价，自然没有幸福感可言。

3."成功"不等于"幸福"

在传统上我们如何定义"成功"？很简单，就是"功成名就"。我们口中的"成功人士"，不是企业家、高官，就是明星。我们认为只有名利双收，才是成功人士。我们不会认为，成为一个好女儿，是成功的；成为一个好母亲，是成功的；一个人一生忠于自己的所爱，即使贫困也是成功的；一个人历经苦难，仍然坚守善良初心是成功的。

在这种狭隘的认知下，我们整装待发，全力以赴地向"成功"

迈进。我们以为，只有"成功"才能让我们幸福。是的，所谓的"成功"是多么令人羡慕，前呼后拥，甚至一不留神还能名垂青史，成功的人可以享受特殊的待遇，还可以自由选择自己的人生。

看起来，的确如此。

我曾经咨询走访过上百位"成功人士"，每当我问他们"你幸福吗"，绝大多数人都认真想了想，然后回答我：不觉得幸福。这个答案是不是太让我们意外了？都身家过亿了，还不觉得幸福吗？

详细了解之后，你会发现，他们身体因为长期的压力，都处于亚健康状态；由于倾注在工作中的精力太多，所以家庭基本都不美满，父母和爱人有诸多抱怨，孩子在成长过程中因为缺乏必要的陪伴而出现了各种性格问题；很多时候，要说言不由衷的话，做身不由己的事情，也几乎没有时间做自己真正喜欢的事情；因为责任使然，想退休也退不了，表面看着淡定，内心其实非常焦虑与烦躁。在这种情绪下，何来幸福可言？

4. 幸福可以通过管理实现

很早的时候，我就有一个疑问，为什么我们买到的每一个产品，都会附加一份说明书，哪怕小到一包纸巾，也会标注成分。但是，却没有人给我们一份"**人生使用说明书**"：什么是爱？怎样才能收获幸福？可否不依赖外在的人或物，通过自我管理，获得幸福丰盈的人生呢？

感恩这世界上有和我一样思考此类问题的人，大家勇于探索实践，得出了相应的成果：

学会管理你的生命维度，自己的幸福自己掌控。

在大多数概念里面，人生只有事业和家庭两个维度，我们谈到谁幸福，就会说，这个人事业情感双丰收。然而，美国心理学家通过长达 30 年、超过 10 万人的案例的跟踪调查，发现人生的追求无非八大要素：健康、事业、财富、人际关系、快乐、学习、灵性成长、家庭。当有人把八大要素"管理平衡"的时候，幸福指数是最高的。

大家可以先做一个关于人生要素的测试，看看自己当下的生命幸福指数（先做完再看答案）。

（1）请大家根据人生要素测试表的分数，给自己人生各个方面打分。圆心 0 分，由内向外每小格递增 3 分。

（2）将标注的点连起来，成为生命状态雷达图。

（3）通过这个图你觉察到自己有怎样的生活现状？

（4）你觉得哪些要素需要提升，那样你的生命状态可以变得更加均衡？

实验表明，幸福指数最高的人，每个要素平均得分在 16~18 之间。专家们认为每个要素有 20~21 分未必是最好的，因为所有事物都是物极必反的。

你的人生各个要素的分数

健康	事业	财富	人际关系	快乐	学习	灵性成长	家庭

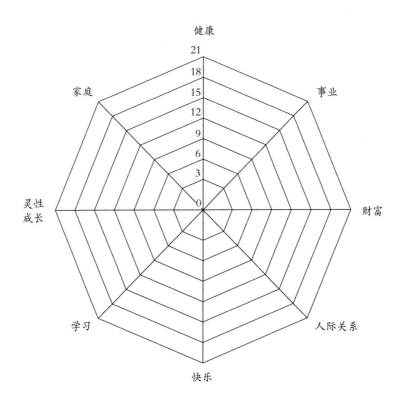

由此我们很容易理解：

"成功人士"为什么不幸福？因为他们可能在事业、财富、人际关系象限得分很高，但在健康、家庭、快乐和灵性成长部分有所缺失，所以感受不到幸福。

嫁给有钱人的女性为什么不幸福？虽然她不用工作，不缺财富，喜欢什么就买什么，也比较注重健康、美容，或者也会找点让自己快乐的事情来做，但是她的事业象限几乎为 0 分，因此也没有什么学习的愿望；人际关系范畴非常狭小；老公很忙，她心生抱怨，家庭关系也不融洽；灵性成长亦可有可无。所以她依然不幸福。

人生不能偏科，这就是八大要素要平衡的重要性。人可以阶段性地把精力偏向于事业和财富，因为这的确是基础，但是人生不能偏科！"不能偏科"的概念就是：在八大要素中，你不可以有一部分极度缺失。均衡的人生才是健康状态，如"木桶理论"一般，人生的质量取决于分数最低的领域。

对"人生八大要素管理"进行有效的管理，你将收获到"真正的幸福"。

如果某一要素的得分在 12 分之下，那就是不及格的状态了。如果在 8 分左右，你必然会因为这部分的缺失痛苦不堪。每个要素的得分最好管控在 16~18 分之间。如果你发现自己有两三个要素都达到 20 分了，但是有两个要素分数低了，请你停下来，分配一点精力，重新制订计划，将缺失的部分调整到 16~18 分。

补充说明：

快乐：这里指的是正向的爱好，也就是一个人独处的时候和自己相处的方式。比如我去年开始学习油画，之前学习拉小提琴，这都是可以和自己待在一起的方式。我们需要寻找一种能和自己相伴同时自己热爱的事情，而不是让别人来帮助我们打发寂寞和孤独感。有人说：我喜欢打游戏。我建议这种休闲方式要适度，最好还是选择与艺术和手工有关的事情。

灵性成长：可以把它理解为智慧。

现在的人其实都很聪明，但聪明是一把双刃剑。王熙凤就是"聪明反被聪明误"的代表人物。聪明有时候会伤到自己和别人，但是智慧不会。智慧能帮你透过现象看到事物的本质，同时智慧也会给予别人很大的支持和温暖。

我自己曾经是个还算聪明的人，但在一次重度抑郁之后，我决心从此不再为小我的得失而活，而是去爱、去温暖和支持更多的生命，尽我所能给病者以医药，给寒冷者以温暖，给痛苦的人以慰藉。

如你能在这方面有深入的了解和思考，你就不会再被表面现象迷惑，不会再为情绪所纠结。至少，你不会再迷茫，你会觉得自己的人生非常有意义。

三、发现你的情感模式

你离开了，所以你永远也不会明白，

最难熬的白昼我如何熬过，

最冰冷的夜晚我如何伤怀。

你离开了，所以你永远也不会明白，

最炙热的感情我如何熄灭，

最苦涩的伤口我如何掩埋。

你离开了，所以你永远也不会明白，

最空虚的孤独我如何用坚韧一点点填满，

点点滴滴的烛泪就是我的内心独白。

人山人海，

总要有人先离开，

所以我又何德何能，奢求你明白。

1. 如何发现自己内在的情感模式

在自我情绪管理中，情伤的治疗是一个不得不提的话题。情感亲密关系的维护是这个世界上最难的修行之一，它也是牵动内在情绪和很多情绪状态最核心的部分。一旦这个支柱发生变化，就会迅速影响你的情绪，你可能提不起兴趣做任何事情，甚至会进入抑郁状态。

可能每一次感情受挫之后，你都会感叹自己遇人不淑，认定下一次不会如此这般了。但有些人会在同一个问题上反复跌倒，以至于产生自我怀疑：难不成，我不配拥有幸福？

我们可以先对过去的感情进行梳理，请大家准备好纸笔，写下以下内容：

请你写出五个自己最为突出的优点，以及五个最大的弱点。

请你研究一下自己每段感情共同的部分有哪些？以"开始—过程—结束"的方式进行整理比较。

对照你的弱点和感情经历，你发现了哪些关联性。

由此你得出了怎样的判断和结论（关于自己的部分）。

接下来你准备怎么做？请列出具体目标和落实计划（半年之内的）。

此处不做总结分享，留下空间让每个人"恍然大悟"。

2. 留意自己是否陷入原生家庭的情感诉求模式

一般会有两种选择模式：

潜意识中我们都在寻找一个像父亲的人

我有一个学生小 H，她非常优秀，事业也很成功，但在情感方面总是出问题。后来，我帮她梳理历次感情经历，结果有了一个惊人的发现，她每一任男朋友（高、矮、胖、瘦、英俊、普通都有）的内在性格都极为一致：他们在人群中非常出类拔萃，极度聪明，学富五车，但是，他们的个性都极为自我，非常挑剔，而这一点，与她的父亲一模一样。

后来我了解到，她的父亲是很早出国留学的那一批人，在美国拿到了博士学位，一生著作等身。但因为一直专注在自己的学业和事业上，他几乎没有陪伴过小 H，并且在有限的陪伴中，也基本都持高标准和严要求的状态。

最后我告诉她："你的父亲是优秀的，但他给你的爱并不完整，你其实是在寻找一个像父亲一样的人，试图把童年缺失的爱补回来。"她放声痛哭（她的父亲已经在她上大学的时候离世了）。

弗洛伊德曾经说过："我们长大后所有的寻求，都是来自童年的缺失。"这在心理学上，被称为"代偿行为"。所以，你会看到，小时候贫困的人，长大后特别渴望拥有财富；小时候缺失爱的人，长大后没有安全感，同时又极为渴求爱。作为我们生命中第一个也是最重要的男人——父亲，就是这样左右我们选择恋爱对象的。

潜意识中我们也都在抗拒找一个像父亲的人

比如一位女儿从小就发现自己的父亲没有很强的处事能力，在生活中处处受他人欺侮，那她长大后，可能就会期望自己的老公是一个很强势的男人。在她的认知中，父亲的懦弱是自己痛苦生活的根源，所以，她在自己的婚姻中，无论如何都要避免这样的情况发生。

当然，在此补充说明：有时候抗拒也是一种吸引（参考墨菲定律）。虽然表面上你选择的似乎不是父亲那种类型，但因为潜意识的内在强化，最终走到一起后，你会发现对方的类型还是非常接近父亲。**甚至于，你把对方逼成了你父亲那样的人。**

比如学生小 Z，她的父亲酗酒，每次喝酒之后就打她和她的妈妈、弟弟。于是她发誓不找喝酒的男人。她做到了。但是，随着时间的推移，她变得越来越挑剔，觉得自己的男人不上进，扛不起事情，一点都不像个男人。之后，她的丈夫因为忍受不了她长时间的挑剔和轻蔑，开始喝酒（启动了男人的逃避模式），并且回到家后如同她父亲一样，开始暴力地殴打她和他们的孩子。

3. 改善你的"原生情结"

原生家庭对一个人的影响是潜移默化的，在原生家庭中形成的"原生情结"，会在之后的夫妻相处中不受意识控制地重复出现。在婚姻中，表面上我们是在与自己的配偶相处，其实我们是在不断重新经历自己过去与父母的关系。很多夫妻在一定程度上"内化"了父母的行为方式，以致婚姻关系中夫妻双方的行为、认知、情绪等也出现了连锁反应。

觉察过度强烈的情绪反应

大多数人都会有某些特别敏感、一触即发、杀伤力特强的"痛点"，这些"痛点"往往最容易被亲近的人引爆。

在日常生活中，如果你对某些事或情境产生超乎寻常的情绪反应，就要加以留意，尤其是那些特别强烈又一再出现的情绪，它们背后很可能掩藏着"原生家庭"里的"原生情结"。

分清此刻和过去的界限

把一种强烈情绪宣泄出来后，要留意哪些是针对现在的人和事的，哪些是借题发挥的、属于过去的。不要把过去自己对父母的情绪掺杂进来，投射并发泄在他人身上，令对方莫名其妙，难以接受。

我们应在过去和现在的情绪之间设一道防火墙，不要让过去的情绪继续纠缠在现在的婚恋关系里。

找出新的应对模式

我们每一个人从小生活的家庭，不仅塑造了我们的形象、性格，而且给我们提供了各种各样的生活模式，特别是婚恋模式。有反省能力的人，会对这些模式进行修改、取舍。

与所有的社会系统一样，家庭有它基本的需求：价值感、安全感、成就感、亲密感等。这是一个正常家庭的样貌。我们要勇敢地剖析自己，对自己的成长负起责任。你的另一半不是你的父母，你不能为了满足自己童年缺失的父爱、母爱，而让其成为替代品，这对他是一种不公平。

四、正确看待生命中的情伤

我喝过最烈的酒，酩酊大醉；

我受过最重的伤，鲜血淋漓；

我放下过最爱的人，痛彻心扉。

1. 不是所有的"被分手"，都是因为"我不好"

有些女性因为分手痛不欲生，觉得整个世界都是灰色的，产生了严重的被遗弃感，甚至陷于抑郁中。

我们要正确看待相守或分开这件事情。

譬如，我们约定一起去拉萨，说好了一起走到终点。但是走到一半，对方发现成都有美食有美女还有好风景，他想要留下来。我们不该责怪他的留下，因为那一刻他遵从了他的内心。我们应该独自上路，或者选择一个可以继续和自己走到拉萨的人。

这是真相。但是面对这个真相大多数人都难以接受，特别是在情感关系中，因为长时间的相处，人会产生依赖感。特别是在非常亲密的关系中，双方的融合会有一些特别难以割舍的部分。所以，大部分人在这个阶段会有一种低价值感评价，即一旦被分手，就会觉得肯定是自己不够好，才会被别人甩掉。其实未必是你不够好，只是到了那个阶段，别人有另外的选择。

你是 A 当中最好的，可能下一个阶段，某个人想选择 B，但这并不意味着 A 不好。它不是一个孰优孰劣的概念。同时，也的确没有人是完美的，如果被分手能促进你反思，促进你上进，那也不是很糟啊！

2. 受伤了不相信爱情怎么办

很多人觉得，我失恋了，我受伤了，所以我不再相信爱情了。

有人跟我咨询这个问题的时候，我会先问他们："你为什么会觉得自己受伤了呢？你是不相信爱情了，还是不接纳失去，并失去了信任自己的能力？"

我们如此害怕失去

解读一下"受伤"的潜台词：我们都希望拥有，却都害怕失去，无论是我们小时候失去某一件心爱的玩具，还是长大之后失去生命中的亲人，乃至于萦绕一生的感情事件。害怕的根本原因，都是我们不想失去。

我们如此难以相信自己

有的时候，我们知道一样东西不是那样美好，但依然舍不得放手。根本原因还是我们不自信。在爱情的层面我们受挫，便会受困于这样的小我情绪中，产生一种自卑感，觉得自己没有办法再相信爱情了。其实根本的原因是我们没有办法再相信自己了。"未来还会有人爱我吗？""还会有人愿意珍惜我，跟我走完一生吗？"在这种强烈的不自信和对失去的恐慌的作用下，我们会困在原地，久久没有办法逃离出来。

疗伤四步曲

第一步：面对

大部分女孩子会困在这个阶段，一直处于逃避状态，不敢面对这件事情。要不然就随手再抓一个男朋友，要不然就通过其他的事情麻痹自己，比如去打游戏。

疗伤的第一步就是，面对这个事实：他离开我了，我失去他了。

第二步：接纳

很多女孩子要花很长的时间才能走出这个阶段，她们就是不敢相信：他怎么就离开我了？我到底是哪里不好？我做错什么了？我就这么不值得爱吗？

这个阶段，很多人会觉得非常伤心，有时会做很多无谓的努力，把自己搞得很苦情，每天都在哭，求对方回心转意；有的人会歇斯底里；有的人以死相胁，就是所谓的"一哭二闹三上吊"；等等。

疗伤的第二步是，我们需要在心里接纳这件事情："虽然我尽了所有努力，虽然我很认真地对待，但是这件事真的发生了。"每个人接纳的过程也不一样，有一些人可能想一晚上就想通了，有一些人可能花一年半载都想不通，这也取决于她在过程中的付出和认真的程度，以及她对这份感情的依赖程度。

第三步：反思与学习

这个部分是我们要通过一个事件学习自己该学习的部分，换句话说，如果你是太阳，每个人都会趋近温暖；如果你是寒风，每个人都会躲起来。所有的分手不只是一个人的原因。如果你真的好得天下无双，那你肯定有大把的追求者。他跟你分开，多多少少都会有一些你自身的原因，所以接纳这件事情之后，要在每一次的失败和痛苦中学习真正让自己成长的内容。

第四步：感恩

当你真的学到这些功课，有一种感觉会油然而生，那种感觉叫作感恩，就是"我谢谢你出现过，我谢谢你爱过我，我也谢谢你最终选择了离开，让我得以成长"。

完成这四步之后，伤痛对你而言就结束了，你可以重新开始了。

3. 失恋如何"放下过去，忘了曾经"

从相遇到执子之手、与子偕老，是一件非常不容易的事情。现在社会中存在着很多外部诱惑，生活中也存在诸多变迁，有些人的确难以做到长时间地维系一段感情。

所有的试图忘记中，都有你未曾完结的功课

你为什么要忘记？因为太痛苦了。人们对痛苦的第一反应就是逃避：如果我能忘记多好，当他没来过。

亲爱的，不要自欺欺人了。他来了，你爱过他，他离开了，你难过，就是如此。

当两个人分开后，有一个事实你必须了解，就是每个人要开始处理自己的情绪了，你不需要再让对方对你负责。这个时候，是你把目光投向自己的时候。你为什么难过？为什么舍不得？为什么不能相信自己，独自上路？你该怎样成长，面对未来？另一个人出现的时

候，你的状态是自卑，还是自信？是怀疑，还是信任？是胆怯，还是更勇敢？

要接纳自己的放不下，忘不了

很多"鸡汤学者"和"人生导师"们很高深地说："如果痛苦，放下就可以。"我不赞同这样的观点！伤不在自己身上，就无法体会放下的艰难。就如同你对一个溺水的人说，游到彼岸去吧。这真是一句非常有道理的废话！如果说放下就能放下，那么人们岂不是可以省去很多分析和应对方法了？这和你饿了，就告诉自己饱了便可以不吃了有何区别？放下从来都不是一件简单的事情。

放下或者放不下，都有其理由。

很多时候，人们一方面不接纳事情已经发生，一方面又责怪自己为什么放不下，从而陷入纠结中。这个时候，你要对自己诚实，"是的，当下，我的确放不下，忘不了"，再去看看放不下的原因是什么。当你发现"放不下"真的与别人无关，而只关乎你的某个执念的时候，放下就是自然而然的事情了。

忘记很难，学会替换

爱情很重要，甚至在很多感性的人心中，这是一生为之奋斗的主题。但爱情不是唯一重要的，不应该也不可以成为我们人生的全部。我们还要保持健康，还要追求自己的事业、维持家庭、孝敬父母。让自己从一种小我的情感纠葛中脱离出来，更多地把目光投向这个世界——还有那么美好温暖的阳光、漂亮的花朵树木、可爱的小动物和身边那么多关爱我们的人——更多地将自己内在的爱流动起来。那个时候即使记得，也不会过于痛苦了。

活在后悔或者嫉恨某个不公平的事件之中，这件事情会永远纠缠着你，你会时常想起，会时常被事件所导致的情绪记忆困扰。

只有你真正回到事件本身，不断思考关乎自己需要成长的问题，思考每个人生命中该去解决和学习的部分，真正完成生命中这个功课，这个事件才不会再纠缠着你，你也不会反复想起。即使想起来，你也不会有那么多痛苦，这只是一种淡淡的记忆或者淡淡的情绪，不会激发你非常强烈的情绪感受。

4. 分手可以做朋友吗

分手可不可以做朋友，取决于每个人的个性。有些人分手分得很好，还可以做朋友。有一些人可能真的不能继续做朋友。我们要始终相信"缘分有深浅"。

情感这种东西，特别需要顺其自然。如果两个人做不了朋友，也不要勉强以后再做朋友。因为你会发现，你看对方一眼后，还是想要跟他在一起，你永远调整不好那个状态。这时分开一段时间，等到大家都冷静了，有各自的生活了，如果有机缘再相遇，点头微笑一下，或者擦肩而过，都是一种很好的选择。如果可以很平淡地说以后做朋友，你们也可以支持对方，关注对方，给予对方爱护和温暖，处在一个不远不近的距离，也是一种相处的方式。

雁涵主张

我们每个人此生都会经历自己生命中的灵魂暗夜，你或许是跪着爬出这段经历的。但在你遇到过 120 当量的刺激后，再遇到 70、80 当量的，就已经没有感觉了，因为这对你来讲就是小问题。经历这些"伤痛"之后，你会明白事物会来，也终究会离开。无论是快乐、悲伤，还是伤害，你不再惧怕，因为你可以跟它们相处了。而这样的体验，是弥足珍贵的。

第 3 课

重新定义你的原生家庭

社会是原生家庭的放大镜。你在原生家庭当中学习到的和父母的相处模式，甚至和兄弟姐妹的相处模式，和亲人的相处模式，将来都会放大到你和爱人、朋友、老师、同学等人的相处模式当中。

大部分人都会说：我已经长大了，参加工作了，我有我自己的情感生活，我甚至已经有了自己的孩子，为什么还要花时间去审视父母的问题呢？不就是要我们感恩父母、孝顺父母吗？

其实事情并不是这么简单。

我们现在经常提到一个词：原生家庭。那什么是原生家庭？

简单的理解就是：你和父母所在的那个小家庭，就是原生家庭。再扩展一下这个范围，它还包括祖父母、外祖父母和其他亲属，我们把它定义为原生家族。

社会只是原生家庭的放大镜。

你在原生家庭当中学习到的和父母的相处模式，甚至和兄弟姐妹的相处模式，和亲人的相处模式，将来会放大到你和爱人、朋友、老师、同学等人的相处模式当中。

举个例子，如果你在原生家庭中跟自己的父亲关系不好，那你未来跟老师的关系或者跟领导的关系一定不会太好，因为在**原生态家庭中，父亲一般代表权威**。当然有一些家庭中母亲很强势，那就是母亲代表权威。如果你对强势的母亲非常抗拒，你会发现，你遇到的老板，往往和你母亲一样强势，未来你跟女性的管理者关系一般也不太好。

社会是原生家庭的放大镜，我们一定要记住这点。这恰恰显示了我们要回顾过去，重新审视我们和父母之间关系的重要性。

一、你是原生家庭的影印件

为什么原生家庭会有这么大的影响力？

0~6 岁是一个人性格形成的关键期。心理学中讲，每个孩子在这一阶段，他人生中 40% 的价值观或者说他的行为方式就会定型。回忆一下自己的 0~6 岁，我相信你会有非常不一样的记忆和感受。

有些人说，我小的时候是跟爸爸妈妈一起长大的，他们很爱我；也有一些人说小时候，妈妈带我比较多，爸爸一直忙着在外面打工赚钱；还有一些人说，我很惨，因为我小的时候爸妈经常打我。

不同的养育方式对孩子的性格会产生巨大的影响。我们在做心理咨询案例的时候，通常会去追溯咨询者 0~6 岁的情况，比如父母是不是在身边陪伴，父母究竟是什么样的性格，等等。通过对这些问题的了解，我们可以得知咨询者的痛苦成因是什么。

二、父母是你性格塑造的总设计师

对于小孩子而言，除了基础的需要，比如干净的饮食、温暖的衣服、能安然入睡的环境，他想要的就是爱，即父母的陪伴。小孩子是区分不了 LV 包和路边一个打折包的区别的。

现在很多人长得高大威猛，或者很漂亮，但他们的内在是空心的。原因就是，他们小的时候在衣食住行方面的需求都得到了极大的满足，但是没有得到父母无条件的爱和陪伴。也就是说他们并没有完整地接收到父系的能量系统注入和母系的能量系统注入，所以他们长大后形成了各种各样的性格。

父系的能量系统决定一个孩子是否具备以下特点：安全感，自信心，勇气，耐心，处理问题、迎接挑战的坚韧不拔的决心，持之以恒的能力，不断挑战困难的能力。父亲只有在孩子0~6岁这个过程中做到完全陪伴，孩子才可能具备以上性格特点。

母系的能量系统决定一个孩子是否具备以下特点：无条件付出，包容，体谅别人，对他人的情绪非常敏感，及时给予对方支持和帮助，体贴，温柔，等等。

　　我们在心理咨询过程当中发现，如果孩子小的时候父亲未曾充分地陪伴，孩子普遍都会胆小，缺乏安全感，遇到问题会启动逃避模式：这个困难我能不能战胜它？能，我就冲上去；如果不能，我就迅速跑掉。他们普遍对很多事情没有耐心，会比较急躁，在面对困境的时候也不太愿意承受压力并自我挑战。如果父亲要求还非常高，孩子的自信心基本也会严重不足。如果母亲没有在孩子 0~6 岁时充分地陪伴孩子，很多小孩子对他人的情绪状态就不敏感。

　　有些父母的付出对应着巨大的交换条件。很多人会下意识地说："我对你如何如何好，你为什么这么对我？"有这种心理的人，通常小时候父母给他们的爱都是带有条件的，譬如"你表现好，我才能给你什么""你做得不好，妈妈就不爱你了"，诸如此类。

　　父母对我们非常重要，如果我们在小的时候，父母没有充分地陪伴在我们左右或者给予我们正向的爱，我们一定或多或少都会受到影响。

　　父亲对女性婚恋的影响：如果你跟自己的父亲连接关系不好，譬如沟通很少，父亲对你要求很高，你受到过父亲的责罚，都会导致你在未来的亲密关系中缺乏自信。你寻找另外一半会时常感到不安，会时常要控制对方，很怕失去对方，因为你未曾和生命中第一个男人——你的父亲建立安全感，未曾有过被接纳和包容的感觉。

　　母亲对女性婚恋的影响：女孩子基本都是照着母亲的性格、样貌长成女人的，因为那是你人生中第一个很重要的人。即使你的外在不像母亲，但你会发现在情感关系中你还是和母亲一样。如果你跟自己的母亲关系不是很顺畅，你很难交到同性的知心朋友。因为母亲跟女儿的关系决定了你跟同性知心朋友的关系。同时，母女关系不顺畅也会反映在未来的婆媳关系中，你可能会对婆婆充满抗拒并与她产生巨大的意见分歧。

三、父母的信念系统对你的影响

信念系统是心理学中的一个专业名词，用常用的词来解释的话，就是价值观。不过价值观是我们头脑中的一种呈现方式，在潜意识中，就叫信念系统。信念系统会直接决定你喜欢不喜欢，选择争取还是选择放弃。

有些人很爱钱，对钱特别计较，这种人大部分是因为在童年时期未被满足物质需求。有些人可能对钱不是很在乎，但是对情感很执着，那是因为小的时候他们没有被父母充分爱过。

信念系统会决定人在遇到事情和相应的人的时候，采取什么样的行动。

信念系统由三部分组成

第一部分：原生家庭的影响。它大概占整体信念系统的 40%~50%。在 0~6 岁的时候，原生家庭的父母已经把信念系统当中 40%~50% 的认知与模式直接装到你的潜意识中了。

第二部分：**后天教育**。这一部分占 40% 左右。后天教育不光包括你上过的学，也取决于你读过的书、走过的路、接触过的所有的人，那些顺境或者苦难对你后期的影响，被统称为"后天教育"。

比如两个来自同一个农村家庭的孩子，一个选择继续在农村务农，一个经过自己的努力考上了大学，可能十年之后，两个人显意识的价值观已不尽相同。但他们根本上的一些信念系统，比如生活习惯，放松状态下呈现的性格状态，特别是婚恋模式，趋同度依然是非常高的。

第三部分，**其他方面**。即使是同父同母的两个孩子，在性格上也会有很大的差异。比如一个喜欢打架，一个喜欢助人。有些工人家庭的孩子从小就表现出极高的艺术天分。这些问题很难解释，也不是我们在本书中重点探讨的问题。

原生家庭对信念系统的影响

比如父母中有一个人斤斤计较，孩子极大可能会对很多事情斤斤计较。如果父母中有一个人属于善良付出型，孩子的性格也会倾向于此。我们在日常工作或者情感关系中，遇到很多事情会下意识地去选择，这种下意识的选择就非常容易受到原生家庭的影响。

请你回忆一下，你的父亲是什么样的性格和行为状态，你的母亲又是什么样的性格和行为状态。你和他们在哪些方面是趋同的，

这些方面曾经导致他们在生活和工作中出现哪些不顺利，需要你避免。当你修正了原生家庭给你造成的负面影响，重塑言行方式和信念系统，你就会拥有一个不一样的未来了。

四、剪断心理脐带

我们其实有两次出生。第一次是从母亲的身体中分娩出来，这是生理性的出生。第二次是心理性的出生。生理的脐带，在我们出生那一刻，就被医生剪断了。但是有些人的心理脐带，直到七老八十，或者父母已经过世了，都没有真正剪断。

心理脐带未被剪断的标准

如果你依赖感始终很强，什么事情都要父母决定，什么事情都要依赖父母，比如，恋爱要父母做主，结婚要父母安排，孩子要父母带，不断寻求父母的支持和帮助，且认为那是理所当然的，甚至把亲密关系摆在父母关系之后，都是心理脐带未被剪断的标志。

心理脐带未被剪断，意味着你的内在还是孩子。孩子的标准就是"情绪化"，特别是女性，更容易用情绪解决问题。比如对方忘记了纪念日，你马上就会把事件上升到"你根本就不爱我"这个高度。男性会很抓狂：不就是忽略了一个节日，至于吗？"情绪化"就是内在孩子的表现。

　　这是怎么形成的呢？每个人在 0~6 岁这个阶段，都需要父母无条件的爱和陪伴。这个阶段父母的责骂和不接纳，会让孩子的潜意识收到"我不被爱，我不被接受"的信号。长大后，这类孩子会习惯性地寻找"外援"，能让别人帮助的，坚决不自己动手。有什么比一直在父母面前做个不动脑子的小婴儿更幸福的事情呢？所以这也是孩子自己不愿意剪断心理脐带的原因。

留意父母的心理脐带

　　另外，除了孩子不愿剪断自己的心理脐带，有些父母同样也剪不断自己的心理脐带——他们把孩子当成自己唯一的精神支柱。其实有些孩子是希望长大独立的，但父母不忍放过他。为什么会"不忍"？因为很多父母经历了时代变革的冲击，一路走下来没有太多机会实现自我价值，于是对孩子寄予了极大的希望，孩子变成他们生命中最重要的支柱。当孩子想成为一个独立的个体时，父母的脐带却没有剪断，他们一直觉得孩子还是一个小婴儿，自己必须要不断地过问孩子的生活，以证明自己的存在感和价值感。

　　我们要理解自己身边的"成年小孩"，有可能自己的父母就是。如果你身边的人在你看来有比较情绪化的行为，或者觉得他三四十岁了，居然还会做一些看起来很幼稚的事情的时候，请原谅他，因为他的内在还是个孩子。你可以对他多一点包容和耐心。

如何陪伴内在小孩长大

当你有情绪产生的时候，就是观察自己是不是内在小孩的最佳时机，你要去觉察自己。特别是当你有"委屈，自怜"这样的情绪的时候，就是非常标准的内在小孩的情绪样态。此时你要成为自己的内在父母，学会跟自己对话。

我记得自己刚学心理学的时候，觉察到我的内在小孩大概只有 2 岁，于是我就每天陪伴自己。比如我很难过的时候，我会抱着自己，跟自己说："我知道你很难过，我允许你哭出来。"你要给自己很多的认同、理解、接纳和鼓励，将自己小时候受伤的情绪慢慢释放出来，内在小孩就会逐步成长。成长到最后，你就能真正拥有成年心理，即对发生的一切真正负责而不外求。

雁涵主张

面对自己正在经历的事情，问自己："这件事情发生的好处是什么？"问自己："我还能做什么让更好的事发生？"

先处理自己的情绪，再让自己主动面对事情并负责，

这样才能真正帮助你剪断心理脐带，成为真正独立而强

大的个体。

五、什么是真正的孝顺

其实我们对"孝顺"的理解存在一些误区。从儒家思想推广开始，孝道就被我们提到了一个很高的高度。中国人对于"孝"更是有极其严苛的标准和要求。父母说什么就是什么，导致很多孩子没有真正地长成自己期待的模样。很多人在潜意识中，都想要活成父母想要的样子。

以我为例，我父母是很严苛的、完美型的，所以我不得不一直努力去达成他们的期待。我非常努力地上学，非常认真地看书，总要在某个群体中凸显自己的优秀。其实我做这些只不过是因为他们希望我这样。但我真正问自己的时候，我发现自己并没有那么多一定要实现的目标；我并不想成为那些榜样（从小父母就给我讲榜样的力量，那些榜样是我无法企及的优秀人物，对我来说既是榜样也是压力）；我甚至觉得，一路拼搏努力，给我的只有焦虑和疲惫，我更愿意踏踏实实的，做一个与世无争、活在当下的普通人。这样高标准地要求自己成为父母期待的样子，其实是一种"愚孝"。

还有一种状况是直接抗拒。我身边就有这样的朋友。父母在山沟里生活，管不了她太多，她自己在城市里生活，即使跟父母诉说自己的烦恼，父母也没办法给她太多建议。有时候，父母很唠叨，她会更烦。甚至会因为和父母意见不一样，直接关上了与父母连接的大门。

愚孝当然不可取，但抗拒更加糟糕。虽然父母观念落伍，知识匮乏，甚至总会挑剔你，但他们的关怀比你看 100 本成长类书籍、上很多堂心灵成长课程都来得快捷，因为父母与你缘分最深，他们始终是这个世界上最爱你的人！

那什么才是真正的孝顺？

接纳父母的不完美

每个人都期待自己的父母是完美的，但这个世界上没有任何一个人是完美的。所以你需要面对父母性格上的瑕疵，接受父母偶尔过激的言行，理解他们一路走来的诸多不易。他们说的每句话你不一定都要听，但是可以**以理解和接纳父母的心态去爱他们，这就是孝顺。**

永远不给家长色难

色难就是不好的脸色。

有些人在职场中很谦卑，经常笑眯眯的，面对同事很有耐心，但是一回到家，就跟自己的父母和另一半发脾气。原因其实很简单，因为父母和身边的这个人，最让你有安全感。如果和同事吵架，同事关系可能就会破裂。如果对朋友的行为不忍耐，朋友关系就可能走向生疏。但是父母，你再怎么跟他们吵，他们大部分都不会不认自己的孩子。

　　所以很多人一回家就为所欲为。实际上生命中真正爱你的人就在你身边，你应该先从好好爱他们开始，好好地管理自己的情绪。只有和他们相处好，你才真正有机会去爱身边更多的人。

六、对父母要不要报喜不报忧

为什么习惯报喜不报忧

很多年轻朋友习惯"跟父母从来都是报喜不报忧",理由如下:

理由一:我不想让他们知道很多,譬如很不顺利,或者遇到人际关系的麻烦,让他们担忧。

理由二:说了也没有用,他们的知识层面和对很多东西的认知,没有办法支持我。

理由三:一旦出现问题,我告诉父母了,他们就会说:"你要检讨你自己,要懂得原谅别人。"(这是超我型父母,他们喜欢说教,而年轻人最不喜欢的就是说教)我小的时候他们经常教育我,现在他们又要说教,所以就不想跟他们沟通。

为什么你不说,父母反而更唠叨

有人会说:如果我不说,父母又会反复问,根本就不相信我,我也觉得很烦。

那为什么你不说，父母反而会更唠叨呢？

因为父母的阅历比孩子丰富，他们知道生活中不可能只有喜，生命中还有很多沟沟坎坎，孩子只跟他们说了好的方面，却从不说不好的方面，是不是因为那不好的方面特别恐怖，恐怖到孩子不敢告诉父母？

比如一个孩子的手机突然打不通了，其他方式也联络不上，基本没有家长会想自己的孩子是不是领奖去了？他们本能想到的就是："我孩子一定出事了。"因为安全感是人最基础层级的需要，所以当你只报喜不报忧的时候，你无异于刺动了他们的不安全感，家长反而会反复追问。

父母的不安，其实是来自"不放心"。小孩子去碰开水瓶，父母会不会不安？一定会。孩子长大之后再碰开水瓶，父母还会不安吗？不会了，因为这件事情家长放心了！

有智慧地报喜和报忧

我们要学会有智慧地报喜和报忧。你把忧事坦露出来给他们，他们至少知道事情是怎样的，他们知道事情原委的话，就不会臆想或者猜测很多不好的状况。

但报忧是需要智慧的。不是说"爸爸，我最近遇到了老板扣我工资了"，或者说"妈妈，我跟小伙伴们闹矛盾了（或者吵架了）"，就可以了，因为接下来父母可能就会给你讲道理，这就把事情变得更麻烦。最好的方式是你**不但报喜，还要报忧，同时加上你的解决方案**！

　　我大学毕业刚刚进入职场的时候，其实有很多困惑，但是我认为我已经成年了，没必要跟父母讲。每当我回去看他们，他们就会问：最近怎么样？我说挺好。他们就接着问，跟老板关系怎么样？跟同事关系怎么样？我就很烦，觉得被逼问的状态很难受。后来我慢慢掌握了一个诀窍，就是如果遇到一些事情，我会回家主动跟母亲讲，妈妈，我今天遇到了一件事……讲完事情，我再告诉她，我有 ABC 三个解决方案，我准备选择哪一个……就这样过了一段时间，我发现父母的担忧少了，他们的过问也就少了。

　　也就是说，**你生活中的每件事情都能让家长放心。**

　　报喜的同时报忧，再加上你的解决方案，就如同告诉他们你在长大，你可以去碰开水瓶了。在你还是小孩子的时候，你做的 100 件事情里，父母有 99 件事情都会担忧。但是如果你给他们呈现出一种有能力思考，同时有能力处理各种复杂问题的状态，父母就会了解你，会知道自己的孩子是有方法的，于是他们开始慢慢地放心，有 90 件事情不会担忧了，然后是 80 件、70 件、60 件……你呈现出解决问题的能力越强，他们对你的询问频率就会越低，他们开始相信：我的孩子真的长大了，我不需要再像对小孩子那样对待他了。

你跟父母的互动至关重要

你跟父母的连接和互动，对你的人际关系特别是你的亲密关系，比如说你跟另一半的关系，还有你跟未来孩子的关系，至关重要。

如果你选择什么都不告诉父母，顶多过节回去看一下，一个月打个电话报个平安，你会有极其强烈的孤独感。你在和人互动方面会遇到很多障碍。特别是你在亲密关系中，可能不太想主动倾诉。也许你会说自己现在很好，虽然不跟父母互动，但是跟另一半互动得很好。这可能是在你的初恋或者热恋阶段，但如果你结婚 7 年以上，你就会传承这样的模式，跟爱人互动很少，跟孩子的沟通也会产生障碍。

雁涵主张

虽然父母不能给予我们需要的支持，但我们知道父母爱孩子的心是无条件的，是不顾一切的，给他们打电话的那一刻就是我们自身能量的补充。

当我们去关怀父母身体怎么样，最近有没有什么事情，本身就是一种能量的互动。所以我们不要切断和父母之间的连接，多给他们一些关爱，也接纳他们或许没有什

么指导意义的建议等，这样做之后，我们自己的安全感和

内在的充实度也会提高。

七、父母干涉你的生活方式怎么办

很多父母会习惯性地干涉孩子的生活，不懂得适时退出。各种干涉都有，比如：你要省钱，不要浪费；你要早睡早起；你不要吃垃圾食品，你要健康生活；甚至干涉婚恋！他们试图用自己的生活方式和的价值观左右孩子。这有点可怕。

父母为什么要干涉你呢？ 说到底，还是极度的不放心。你从一个柔弱的小婴儿，不断地跌倒，站起来，奔跑，一路长大，过程当中犯了很多他们认为的错误。他们总觉得你还没有生活经验，还没有真正地长大，所以就试图用他们的生活方式不断地影响你，让你成为他们期待的样子。

如果遇到父母干涉的话，自己该怎么应对呢？

孝而不顺

孝而不顺可以吗？可以！什么叫孝而不顺？就是你仍旧要尊重父母，并允许他们"干涉"自己，但是你依然可以保有自己的自由意志，选择自己的生活方式。

　　我母亲是外科医生，非常强势，所以小时候她要求我和我哥哥两个人都必须按照她的想法去做。长大之后，我就觉得我的个性和自由意志被严重地粉碎性地碾压，所以我从青春期就开始反抗，甚至想过离家出走（很不幸被明察秋毫的母亲提前发现，最终未果）。终于熬到大学，我以为可以不再受母亲控制，但因为依然在出生地北京上大学（一度后悔高考志愿应该填外地学校的），她那时已经退休，就不时地去学校看我，名义上是关心我吃住如何，有没有脏衣服，实际上是怕我谈恋爱，耽误学习。我整个人几近崩溃，只要在校园看到她就赶紧跑开（不堪回首）。那段时间，我们母女俩已经不能讲话，一讲话就开始吵。

　　所以，后来我就研究出了这样的方式，你如果面对非常强势的想干涉自己的父母，最好的方式就是"孝而不顺"。你要尊重他们，给他们机会说，因为这是他们做父母的权利，但你可以选择用自己的方式去处理事情。

　　很多父母很难了解这样一个真相：世界上只有一种爱是为分离而准备的，就是父母对孩子的爱。孩子成年之后，应是一个独立的个体，大家彼此之间是相互尊重的关系。但是，很少有父母可以对这种关系把控得很好。所以"孝而不顺"是一个很好的方法。

如何与父母和解关系

如果你更有智慧的话，可以心平气和地跟父母讲充分的理由，譬如："爸爸妈妈，我知道你们不放心，我非常了解你们是为我好，但是对这件事我的选择是有……这些理由，你们怎么看？"

你也可以直接说："我很感动你们还愿意给我这样的建议，但是我也想自己做一些尝试，来自己成长，这样你们也可以少操些心了，是不是更好？"

当大多数父母知道孩子能自己解决事情的时候，他们还是很愿意遵从孩子意见的。父母可能会说出一些没有实操性的方式，但你要相信父母走过的路确实比你长，他们的经验有一些是可以弥补你的不足的。

所以在这个过程中，用尊重的、询问的方式，和父母进行沟通，至少你不会面对父母的愤怒或者强势的控制。这是我自己的体验，我跟很多学生分享之后，他们也尝试过，认为是非常有效的方法。

雁涵主张

父母是我们生命的起源，也是我们所有"爱的能量"的来源，我们无论走到世界的任何地方，父母的爱都是不会中断的，这是给予我们内在能量和给养的最重要的方式。所以千万不要认为自己独立了，就不需要父母的过问了。无论何时何地，只要父母还在，我们就要努力地去尊重他们，理解他们，孝敬他们，关爱他们。尽自己的一份心，真心地去爱父母，我们才有能量爱自己，以及爱这个世界上更多的人。

第 4 课

关于婚恋你该知道的那些事

想要点餐，你多少需要看看菜单；想去旅行，你多少需要看下攻略；想要恋爱，你多少需要有些了解。

一、爱情到底是什么

为什么爱情是人类永恒的话题？因为说不明白的事情，往往是最值得讨论的。

每个人都在幻想着完美的爱情，每个人都期待一份美好爱情的发生。我们沉溺于爱情的美好，但也为其所伤。有些人会问，爱情到底是什么？为什么我们所有的快乐与痛苦，似乎都与其有所牵绊呢？

我不想描述得很学术，只想给大家一些不同角度的真相，使大家能够了解。

1. 女人为什么一定需要爱情

好的婚恋关系是一种滋养

女人内在需要成长的力量，但外在也需要滋养。如一粒种子，破土而出是内在的力量，但如果外在没有阳光、雨水的滋养，也是无法长成参天大树的。

爱情是我们在这个世界上，与另一个灵魂深度连接的方式。我们借由这份深度的连接，安抚内在潜意识中的"分离焦虑"，感受到安全、放松与完整，从而拿到某种笃定与自信。

好的婚恋关系很像"充电宝"

好的婚恋关系很像"充电宝"，你的不安有人安抚，你的脆弱有人呵护，你的情绪有人分享，你的孤单有人懂。

好的婚恋关系能够让我们在日常工作与生活的压力下丢失的能量得以补充恢复。

但为什么很多时候，婚恋关系没有这样的效果，反而徒增痛苦呢？

2. 真爱的作用与意义

20 世纪匈牙利文坛巨匠马洛伊曾经写过："爱情，如果是真爱，永远都是致命的。我的意思是说，真爱的目的不是幸福，不是田园诗般的浪漫，不是在盛开的椴树下，在透过树冠隐约可见的点着温柔灯光的走廊上，在沐浴着微醺灯光、散发着惬意香气的家门前，手牵手的漫步……这是生活，但不是爱情。爱是一道燃烧得更加颓丧也更加危险的火焰。有一天你会发现，你的内心会萌生出一种遭遇这种毁灭性激情的欲望。到了那时，你便不再想把一切都留给自己了，也不再希望爱情能给你提供一种更健康、更平静、更满足的生活，你只是想要存在而已；你很清楚，你只会想要以一种完整的形式存在，即使是以灰飞烟灭作为代价。"（《伪装成独白的爱情》）

"一千个人心里有一千个哈姆雷特"，可能每个人对"爱情"都有自己的诠释和解释。究竟什么是爱？可能很多人对爱有不同的解读，譬如说爱是理解，是包容，是一种不图回报的给予。是你侬我侬的彼此陪伴，是海誓山盟之后的与子偕老。听起来异常美好，但我们所谓的"爱情"真是如此吗？

"我爱你"的潜台词

我们口中的所谓"我爱你"，潜台词就是"我希望占有你的全部，且让你改变成我期待的样子，以满足我的缺失"。如果你为我改变，我就开心；如果你不改变，我就愤怒！

试问，这是爱对方，还是爱自己？你如我所愿，我可以付出；不如我所愿，我就停止付出！试问，这是"爱"，还是"交换"？

我们所谓的"爱"，带有太多的恐惧和控制，以及赤裸裸的索取，却浑然不知！因为你爱我，所以你必须要给予我。因为你爱我，所以你一定要活成我期待的方式。于是我们在这样的逻辑和纠葛中周而复始。即使我们痛哭流涕地说"你不要走，因为我爱你，我舍不得你"，其实这样一份"爱"的潜台词又是什么呢？那就是"你要走了，我的需求到底谁来满足呢"？

所以，我很怕听到有人说"我爱你"。拜托，真爱里面没有占有，没有恐惧，没有控制，没有试图改变任何事情！只是接纳一切如其所示。所以，在开口之前，扪心自问一下为好。别亵渎了爱，更加不要骗自己。

真爱只有一个标准，有没有让彼此成为更好的自己

很多人说"我爱他，他适合我"。是的，他关心你，理解你，宠爱你，这只是暂时满足了你的需求。你接着也会发现，这件事本身无法持久。当他不能再满足你所需要的时候，也许你之前认为的所有好的行为都会消失。因为"交换"而来的情感，就是这般。如果你对公平敏感，请小心翼翼地触碰爱情。因为爱情可能是世界上唯一一件，你倾尽所有却一无所获且遍体鳞伤居多的事情。这就是我们认为的爱情的"残忍"之处。

或许很多人看完上述的内容，就对爱情灰心了。那太好了，这就是我的目的。没有灰心，就没有反思；没有反思，就没有重建。

告别那些"索取与交换"的爱情吧。你需要勇敢一点，再勇敢一点，打开自己，去**实践正确的爱的方式，让彼此都成为更好的人**。

婚恋是一面"照妖镜"。每个人内在的情感模式在外人面前可以借由面具遮掩，但在爱人面前，是无所遁形的。内在的不安、敏感和控制，以及匮乏，都会在彼此面前一览无余。但是，我们同样可以在争吵中发现自己的不足，可以在摩擦中成长自己的心性。我们在纷争中学会理解、包容和自省；在对抗中，学会理性与共赢。如果没有这些发生，我们是无法清晰地认清自己，从而得以成长的。

如果我们多一点对爱情的了解，就能更加正向积极地去经营我们的爱情了。在一份美好的爱情中，因为彼此的信任、包容与互助，让彼此成为真正美好的自己，这才是爱情最根本的作用与意义。

二、恋爱四阶段

恋爱过程是分阶段的。大家需要了解一段成熟的感情必然经历的几个阶段，才能应对恋爱过程中的所有困惑。

第一阶段：热恋期

第一阶段，是彼此最幸福的阶段。有神秘感，令人想一探究竟；有害羞，有身体和心理的兴奋感；你们的眼中只有彼此，在一起的时候似乎全世界都不存在了。你的眼中，他都是优点，对你关爱有加；你要的，他尽力满足；他一有时间就想和你在一起，把你放在最重要的位置。男性在追求时，多巴胺会高速分泌，会非常注重修饰，会极其热烈地表达情感（看看动物界也就明白了），产生很多与平常不同的行为。但这个阶段会让女性感受最好。

是的，这个阶段是热恋期，爱情最为美好的阶段。

第二阶段：平缓期

　　然而，比较残忍的是，真正高速分泌多巴胺的热恋阶段只有三个月，最多半年。在半年后基本上就会恢复正常值了。当然，是三个月还是半年要取决于你们接触的密度和交往的深度。如果说三个月才见三面，并且没有发生亲密关系，那男性的多巴胺分泌量很有可能比较高，持续时间就会比较长。但是如果你们三个月之后仍非常亲密，每天都耳鬓厮磨，那可能再过三个月，当新鲜感、神秘感慢慢回落，这个指数就会逐渐恢复正常，也就是进入平缓期。

第三阶段：磨合期

　　这可能是我们最不愿意面对和有所抗拒的一个阶段。随着大家越来越熟悉，本我的样貌逐渐暴露出来。原来整洁的男孩子可能慢慢变得邋遢，原来殷勤的行为慢慢不见。原来把你放在生活第一位的男朋友，如今把工作、见朋友，甚至打游戏都看得比你重要了。很多女孩子觉得自己被冷落，于是开始抱怨、指责。再加上，以前没有密切接触，那些看不到的价值观差异、各自性格的弱点，也纷纷大白于天下，于是，磨合期开始了。很多人坚持不了这个痛苦的阶段，会选择分开，觉得两个人不适合。

　　但天下哪里有生下来就为你定做的适合的爱人呢？我们与父母

和兄弟姐妹都会有摩擦，何况在完全不同家庭背景下成长起来，价值观不同的两个人呢？本来也没有生来完全一致的价值观，只有彼此趋同度高低的差别。所以，所谓磨合期，其实就是在磨合价值观趋同度的过程。

这是每对情侣必然要经历的过程。很多夫妻大半辈子，都没有结束磨合期，到老年才慢慢稳定下来。这个阶段不能逃避，并不是换一个人就可以了。换一个人，随着感情的发展还需要经历这个阶段，只是程度不同而已。

那有没有不经历磨合期就相濡以沫的伴侣呢？有，但是需要双方均是非常成熟的个体，并且都具备包容、内省的心态与性格。只是这种概率很小。大多数情况是，你所谓的没有"磨合期"，只是你不知道他们已经历了磨合期而已。

磨合期大概多长呢？每一对情侣不完全一样。两个性格都很强势的人会磨得比较久，直到有一方选择改变和退让。但在恋爱关系阶段中，基本上是半年到一年，时间长了，两人会觉得异常疲惫，并有压力，往往会选择分开。

第四阶段：升华期

情感最初的吸引基本是**气味和身体的吸引**。比如"我就很喜欢他身上的味道"，或者"他的外形符合我的审美"，这是初级阶段的吸引。

再往上一个阶段，是**性格的吸引**。

我们知道再漂亮的人看久了其实也就那样。接下来，就会考虑对方的脾气、性格和自己是否搭配。譬如，你是一个急脾气，他就很随和、温和；或者你自己很柔弱，易纠结，对方很果断、强大。总之，两个人在一起很舒服，才会选择继续走下去。

但最终真正决定两个人是否可以长久在一起的是**灵魂是否互相吸引**，也就是我们之前提到的"价值观"，即对人生的理解和信念与自己是否一致。

你们一路磕磕绊绊着度过磨合期之后，彼此关系就会进入升华期。你们对彼此有了深入的了解，认清了对方真实的面目，需要调整的调整完毕，能包容的部分彼此也达成了默契。这个时候你们会发现，感情变得比之前更好。彼此的信任、默契度都增加了，而且会有一种笃定在其中升起，既有朋友间的理解，又有如同亲人般的感觉，这便是最美好的恋情的结局了。你们可以安定、平稳、放松地享受这段情感关系了。

三、警惕恋爱初阶上瘾症

因为热恋的感觉是最美妙的，有一些生性浪漫，同时没有安全感的女孩子会得"恋爱初阶上瘾症"。她们迷恋男人在恋爱初阶的殷勤和宠爱，只能接受男人一直抱持那样的状态，否则就会感到不安，就会觉得哪里不对，然后就会讨要（各种形式的作）。如果未果，那么就启动逃避模式，选择分手，再换一个男人，重新体验最初阶的美好感受。

有一些从小没有被父亲好好爱过，同时，没有看到父母正常夫妻关系状态的女孩子，特别容易如此。她们对情感抱有太多的幻想。她们寻求一个男人不是为了平平淡淡、相濡以沫地相伴到老，而是一直要对方持续地燃烧以填补自己原生家庭的"值得被爱"的缺失。

一位年长我几岁的远房表姐就是如此。她人很善良，也很漂亮、聪慧，但在情感方面历经三段婚姻，换了十几个男朋友，依然无法真正安定下来。在热恋中，她能量爆棚，如同少女般神采奕奕。失恋时，她落寞沮丧，感慨遇人不淑。后来，我和她分析了原生家庭的模式，她才逐步意识到，问题不在对方，而在自己内在爱的匮乏，导致无法安抚的不安，需要太多的爱与关注才能填满。

这就是女孩子需要警惕的"恋爱初阶上瘾症"的成因及部分行为表现。如果你发现自己是一个在爱中幻想很多、动辄不安的女孩子，一定要留意内在不时会启动的逃避模式。浮萍很美，漂泊当然也是一道风景。但我们也要知道，什么时候需要扎根，需要停泊，去接纳和感受真实的生活和情感本有的模样。

四、选择一个爱人，就是选择一种生活方式

1. 失去理性的恋爱是一场赌注

曾经听金星老师在一个节目中说过下面一番话：

"也许我们在没有找到一个人之前，会有各种各样的条件，但是当爱情来临的时候，这些条件统统不存在了。"

这是她对爱情的一种诠释和观念，但同时我想从心理学的角度分析一下。你在没有遇到那个你认为爱上的人之前所开的条件肯定是相对理性的，觉得什么样的人适合自己是有规划的。当然这个前提在于你对自己的个性、特点、缺失、长处有充分的了解，你才可能有一个对应的条件。

那为什么当一个人出现的时候，你就觉得这些条件都不重要了，只有那个感觉最对？无外乎你是从一个相对理性的层面，完全陷入了一个感性的层面。一个人一旦感性了，其实就失去了理性的判断力，所以这代表什么？代表当你陷入感性层面的时候，你对一个人的判断其实是偏颇的，所以，那真的是爱情，还是一场赌注？这是

想抛给大家第一个要思考的问题。

2. 恋爱可冲动，婚姻需谨慎

你完全可以一时冲动去恋爱，只要"我喜欢"。甚至我认为，恋爱本身就是一时冲动的事，因为太过理性的状态，是很难走入一段非常激情的情感关系里的。恋爱可以非常冲动，但是要走入婚姻的时候，一定要慎重。因为选择一个爱人就代表选择一种生活方式。

目标不一致的结果

简单来讲，比如你清晰地了解自己，是一个目标终点在成都的人。如果你选择的那个人他的目标终点是三亚，可能从北京出发的时候你们是同路，但是最终还是会分开，因为成都和三亚这两个终点都没有错，只是你们的终点不同，就走不到一起。（这点你可以理解为两个人需要价值观趋同）

生活方式不同的结果

依然借用上面的案例：可能大家的终点是一致的，都是去成都。

但你可能是一个喜欢一边游玩，一边看风景，一边享受美食，慢慢走到终点的人。而另外一个人，只想快速搭乘飞机去成都，然后还可以去拉萨，他的人生就是要尽可能地看很多风景。这也没有错。

这相当于，其中一个人处在很急躁的状态中，忙于实现自己的人生价值，但另一个人不是这样，他是追求静静享受生活的人。毫无疑问，你们的生活方式是不同的。正因为这种不同，会造成未来很多方面的冲突。因为我们每个人都希望对方配合自己，每个人都认为自己是对的，"我要赢"，不能在一段关系中处于下风。真正能够为对方持续性地让步，包容理解的人是少的。就算在一个阶段内或者在恋爱期间你说的一切都是对的，我都听你的，或者服从你，但那个深层需求，一直都在那儿，只不过因为处于热恋期而被掩饰了，等到双方真正结合在一起的时候，他还是会回归到他以前最想要的那个维度。

选择一个老公就是选择一种生活方式

即使在有些婚姻关系中女性占主导地位，男性所谓的配合也是阶段性的。一个男人在家庭中，还是有一些决定权的需求的。如果两个人的生活方式非常不同，小到生活饮食起居（比如一个人是夜猫子，另一个人喜欢早睡早起；一个人喜欢吃辣的，另一个人喜欢吃甜的；一个人喜欢干净整齐，另一个人喜欢邋邋遢遢），大到各种兴趣爱好（比如一个爱出去运动，一个爱宅在家里打游戏），一般在开始的时候，彼此性格的不同会造成吸引，每个人都在寻求自己没有那么完整和缺失的一部分。但是你会发现，真正到了婚姻中，这些部分的摩擦会非常频繁，也会造成争吵、冲突，各执一词，最终导致情感分裂。

　　所以女性选择男性的时候，确实要确认一下彼此的生活方式。要判断一下两个人对人生认知的趋同度是不是比较高，而不要因为他是一个什么人，就因为这一点喜欢他，并且放大这一点，认为他是一个完美的对象，然后就走进婚姻。这是极其不理性的选择，也会因此付出相应的代价。

　　所以，恋爱可冲动，婚姻需谨慎。

五、一见钟情可取吗

我记得大S在《康熙来了》节目中说，她遇到汪小菲的那一刹那，她就知道她会跟他结婚，并且会给他生孩子。这是典型的"只是在人群中看了你一眼"观象，貌似是一种巧合，刚好遇到你。真的是这样吗？

我从来都不相信这个世界上有"巧合"。不是有那样一句话吗？世界上所有的相遇都是久别重逢。我们做过一些调查，同时我们自己也有这样的体验，你第一眼看到这个人就异常有好感，通常那个人也很喜欢你；如果你第一次看到一个人就很讨厌，通常那个人也不会很喜欢你。心理学中有一个定律叫"6秒钟定律"。我们遇到一个人，在最初的6秒，其实潜意识就已在判断这个人未来究竟会跟自己有一个什么样的走向。如果是同性，可能成为很好的朋友；如果是异性，各方面条件比较匹配的话，就有可能发展为恋情。

所以有很多所谓"一见钟情"的人在后期接触的时候，会发现大家其实内在非常的相似。就像大S看到汪小菲的那一刻，她了解他吗？肯定不了解。但是汪小菲后来也说过，他跟大S的想法在很多时候都高度重合。

　　能量守恒，换句话说就是吸引到你身边的都是跟你同质化程度很高的人。

　　回到原点，一见钟情是否可靠或者可取？

　　一见钟情的恋爱，同样逃不过"恋爱四阶段"。

　　有一些一见钟情的人可能短时间内就结婚了，他们会幸福地走完一生。也有一些人一见钟情，很快在一起，又很快分开。情感通常很难准确给一个定律，说这样一定是可以的或者不可以的。

　　所以一见钟情后，如果双方都是男未婚女未嫁，你不要抗拒，可以去尝试开始，但是不要让这份激情冲昏头脑，也要花时间去了解对方。即使发现双方价值观趋同度很高，也需要一段时间去磨合，经历磨合期之后再决定是否走到一起。

六、太容易到手为什么不容易珍惜

从动物的生物属性上来讲，雄性动物的本能有两种，第一是追逐，第二是占有，而雌性动物是依赖和顺从。因为绝大多数雄性在自然界中要去战斗，所以侵略性和占有性是不可或缺的。而雌性动物相对比较被动。人类秉承了这样的动物属性，所以在两性关系的互相追逐过程中，也会呈现这种状态。女孩子从小就被教育：你要矜持，你不能太主动，要不然被人家看不起，要不然对方会不珍惜……其实不仅男人，女人也一样，太容易到手的东西，都不太珍惜。比如你想要一个包，很快就有了，你想要的所有东西，很快就有了，没有满足的过程，得到的一切似乎都不会让人珍惜。

我给女性的建议：在情感中要做一个被动的主动者。

喜欢一个人，勇敢说出来，这没什么错。但"说"的方式不仅仅是语言。

你可以用眼神去"说"，可以用动作去"说"，可以用你的害羞或者讲一个故事去"说"。总之，恋爱这件事情，你不管"爱"对方到什么程度，也不要做花痴，去主动表白。

　　我观察过很多恋爱的情侣，凡是女性主动促成的，大多数女性活得很辛苦。因为男性不大珍惜，甚至把女性的付出视为理所当然。当然不排除小部分女性主动追求，最终也是幸福的。但你一定要相信，被追求的男性潜意识中或多或少都会觉得少了点成就感。就如同你心里知道，女性主动示爱会有点"掉价"的感觉一样。

七、婚姻与自由是相悖的吗

从某种意义上来说，婚姻与自由是相悖的！婚姻需要我们尊重另外一个人甚至一个家庭的感受；需要我们在时间、精力上做出妥协；需要我们对自身行为有所约束；甚至还有不得不面对的争吵和冲突，以及几十年面对同一个人的平淡与乏味。这些的确会被一些极端热爱自由的人视为"痛点"，所以才有"婚姻是围城"的说法。

自由的四个层级

第一，财务自由。要有物质基础去满足想实现的基础目标。

第二，身体自由。不够健康，或者忙碌到身不由己，都不是真正的身体自由。

第三，时间自由。可以"说走就走"。譬如我有一些企业家朋友，他们有钱，身体也不错，但没有自己的时间，每天都有忙不完的事情，更做不到说走就走。

第四，灵魂自由。不为情绪和外在人事物困扰，心存大自在。

但是这很难达成。

自由永远是相对的，不存在绝对自由

我们稍加观察便可以发现，在宗教教义中有关于"绝对自由"的描述，"若来若去，若坐若卧"，但那是一种大自由，很少有人可以实现。或者换言之，少有人能付出那样的代价去换取"真正的自由"。

我们口中所喊的自由，不过是"我需要的时候，对方要在；我不需要的时候，最好别烦我"。这不是真正的自由，而是以自由为名义的放纵！

绝对拥有，相对自由，才是最好的相处模式

我们喜欢婚姻的安全感，但我们害怕失去自由。我们不想面对一个人的孤单，但我们抗拒两个人的责任，这就是事实。如果我们还被那么多恐惧和抗拒牵绊，终究是拿不到真正的"自由"的。

愿意对一个人做出承诺，其实也是给自己一份承诺。以某种方式自我约束，这不是一件坏事情。因为**只有自律，方有自由**。如果我们连起码的自律都做不到，那么谈真正的自由是一种虚妄。

最好的婚恋关系，我始终认为是"绝对拥有，相对自由"的关

系。我们对彼此忠诚，愿意以某种形式生活在一起，但并不令其成为彼此的束缚。我们之间只是交集，依然保有自我的部分。允许自己和对方有自由意志去选择爱好和圈子。这恐怕是我们每个人在情感关系中需要学会的功课。

下篇

正确爱他人

第 5 课

感召到对的爱人

好男人不一定是对的男人，合适的男人才是。合适就是价值观趋同又性格互补。

一、找"爱我的"，还是"我爱的"

有人提问：我找另一半，到底是找爱我的，还是我爱的？似乎"爱我的"和"我爱的"是一对矛盾体。当然，彼此相爱最理想，只是很多人遇不到这样的爱情。

性格不同的女性选择不一样

性格比较外向、主动的女性，一般在婚恋关系中会偏于主动。她们喜欢在生活中设置目标，相对比较自信，喜欢挑战和征服。所以更容易主动出击，去选择一个"我爱的"。另外一种女性，性格相对内向，被动，安全感偏低，自信心偏低，害怕压力。此类女性倾向选择主动追求自己的，也就是"爱我的"男性作为伴侣。

最好的情感是"两情相悦"

你爱我的这一刻，我也爱你，是最完美的组合。

所以，对年轻女性来说，主动寻求"爱我的"女性，可以慢一些脚步，一直的追求会让你疲惫，也会丢失身为女性的价值感，同时也让被追求的男性缺少了一些成就感。

而那些性格相对被动的女性，也可以训练自己，让自己多一点自信，多一点主动。如果内心是喜欢的，那么不必压抑自己，积极示好，婉转表达，都是正向的方式。最主要的是，尝试过，就没有遗憾了，也许你喜欢的那个人，也同样喜欢着你呢？

看到你内心的纠结

很多人说："找我爱的，那是不是要付出很多，会很卑微？"其实，他们没有理解什么是真正的爱。爱是没有尊贵和卑微之分的，爱是平等的，爱是付出和理解。如果你还有卑微的感觉，那你首先要回到你内心想想究竟发生了什么让你觉得卑微。

另外一部分女性找"爱我的"，但又觉得这很不过瘾。因为自己对对方没有太多的冲动，没有什么激情，甚至有时候还有点看不上对方。有一些女性找了一个爱自己的，然后恃宠而骄，到最后又发现，那个所谓"爱你的"，不会一生都持续这种状态。因为他有一天也会疲惫，他所付出的没有被珍惜，他持续性的付出被视为理所当然。甚至有些女性因为对方爱自己，就很作，更使对方感到疲惫，慢慢也就不像以前那样对她那么好，然后她又会觉得很失落，认为对方既然爱自己，怎么没有以前对自己好了，继续更作，形成恶性循环。

无论如何选择，首先好好爱自己

在婚恋关系中，每个人都应该先好好爱自己。

因为当你好好爱自己的时候，你的能量是充盈的，你才有更多的能力去爱别人。付出会带着巨大的召唤，同时会非常有力量。

回到原点问题，雁涵老师始终都认为，你在进入一份感情之前，要成为一个独立的个体。所以无论是找"爱我的"，还是找"我爱的"，当你是一个成熟个体的时候，你都不会让这两种状况发展得非常糟糕。

二、找有钱的，有颜的，还是有才华的

　　每个女性在寻找另一半的时候偏好是不一样的。比如我年轻的时候，跟一个女孩子聊天，她说她就要在有钱人里面找长得帅的。我突然发现，原来人跟人那么不同。因为我会在有才华的男人里面找懂我的，具体他有多帅，有没有钱，我几乎不太考虑。因为我可以自己养自己，我就觉得他只要能养活他就可以了。男人帅不帅，我觉得不是第一重要的，他有才华，他懂我，才是重要的。

留意你的择偶偏好

　　每个女性，择偶标准是不一样的。说到底，是找一个有钱的，长得帅的，还是有才华的，这都是仁者见仁、智者见智的事情。如果你真的是"外貌协会"的人，对方长得不帅你觉得生活不下去，或者对你没有吸引力，你当然可以去选择"帅"这一类。或者不管他好不好看，就是要有钱，你也可以选择你想要的那一个。或者你喜欢有才华的，有没有钱，长得帅不帅，都不重要，你也可以遵从你的内心。

留意无法被满足的其他需求

关键是，很多女性的问题在于第一需求被满足之后，会不断有新的需求冒出来。比如找到了一个有钱的，刚开始很高兴，但是时间久了，又觉得他不够帅，或者他没有时间陪伴自己，不关爱自己，等等，于是开始改造这个男人，使他符合自己的需求。这样做的结果大家都能猜到，不会太好。因为我们要求自己改变都很困难，更何况去改变对方。

价值观趋同永远是第一且重要的选择

在婚恋观念上，你要选择一个跟你价值观趋同的人！人生漫漫几十年，生活是细节的积累，柴米油盐酱醋茶，真的不是靠一张脸或者一大笔钱就可以承载所有幸福的。但是如果夫妻的价值观很趋同，比如都认为对人要友善，要慷慨，要孝敬父母，钱要非常有质量地去消费，都热爱旅游，等等。那就意味着你说 yes 的时候，对方也不会对这个问题说 no。这才是婚姻长久的根本。

总之，想找什么样的爱人是每个人的自由，但是最重要一点，就是要找一个与你价值观高度趋同的人，这才是你们能和谐相处的关键。

三、爱和喜欢怎么区别

有些女孩子经常会问我一个问题：我不知道喜欢和爱是怎么区分的？我究竟是喜欢这个人，还是真的爱上了这个人？两者之间有什么样的差别？

实际上，你不需要特别多地关注差别这件事情本身，因为喜欢当中会有爱，爱当中一定会有喜欢。但是大家比较关注的可能是，只有喜欢能结婚吗？难道不是一定有爱情才可以结婚吗？

其实，有一些婚姻中双方就是喜欢，并没有上升到所谓的爱情。在很多人眼里，爱情是完全地彼此占有，是完全私有的，可能对方跟其他人多说一句话他都要打翻醋坛子。这往往也是片面的。有人这样形容：喜欢是我看着他就会很开心，但爱情是即使痛苦我也要跟他在一起。

在正向的爱情中，会有极大的包容性。因为喜欢的时候，我可以只欣赏你那些优点，你的缺点跟我没关系，因为我们可以做朋友。当上升到爱情的时候，就需要双方互相理解、包容和承担相应的责任。所以，如果你发现自己喜欢和一个人在一起，同时还能用包容的态度调整自己去适应他的缺点；或者心里放不下，还想跟对方在一起，甚至生理上面还有冲动，这些都说明你爱他。

雁涵主张

不必把喜欢和爱分得那么清楚。是跟一个人走完一生，坚定地将爱情进行到底，还是做彼此旅程中的伙伴，我相信每个人的心中都有相应的答案。

四、遇到很喜欢的人就自卑怎么办

想起张爱玲遇到胡兰成时的感受，"喜欢一个人，会卑微到泥土里。然后开出花来"。这准确地描述了女性遇到心动男性但羞于表现时的心情。

"遇到很喜欢的人就自卑怎么办？"这个问题可以从两个角度来分析：你是真的只在遇到喜欢的人时感到自卑，还是平常也不是一个自信心特别强的人？如果是后者，请参考"自信心养成"的相关内容。如果是前者，那就可以考虑以下问题：

为什么遇到喜欢的人会自卑

在择偶方面，女性本能地会喜欢比自己强大的对象。这是动物本身择偶的取舍习惯。理想的对象通常条件都很好，身边也不会缺乏优秀女性喜欢。相比之下，你会觉得自己没有突出的优势，觉得自己大概不会被选择，或者即使被选择也会异常惶恐，因此觉得自卑。

多看自己的优点，为自己打气

在自卑的心理驱动下，你的很多行为会变形。不敢说话，不敢争取，甚至看到喜欢的人就想逃离。往往在这种情况下，你会失去很多可能获得幸福的机会。因此，这时候要多看自己的优点，哪怕只有一点善良，也要将这一点表现出来（善良的人都是自带光芒的）。人生很多机遇就是如此，你勇敢了，可能失败，但也可能成功。但你胆怯了，就只会失败。你要经常给自己打气，成与不成，都要努力去尝试。这样的人生，才没有遗憾。

多观察对方的需求，温暖给予

自卑有时会导致你过于关注两人之间的差距，越想越自卑。这时候，你要把注意力放到对方的需求上，而不是两者的比较上。适时问候，主动示好，提供力所能及的帮助，让情感自然地流动起来。

用调侃化解自卑

几乎所有的人，都欣赏状态非常真实的人，比如你感觉自己有一点自卑或者紧张，不如大方地与对方分享——因为我太在意所以我害羞或者紧张了——这也是一种调整的好方法。

将自卑化为成长的动力

我有一个女性朋友，曾喜欢一个非常优秀的男人，但当时她才二十出头，各方面的确还不够成熟和出色。表白未果之后，她没有就此自怜，而是选择了持续努力。从外在的修饰穿搭，到内在不断看书学习，工作上也非常勤奋努力。大约八年之后，她在从美国回中国的飞机上，偶遇了曾喜欢的那个男人。当时那个男人刚结束了一段婚姻，非常惊讶她的改变，两个人又开始了互动。最终，两个人走到了一起。

其实，每一段遇见都有其深意，如何解读才是关键。

五、好男人≠对的男人

我们通常有一个错觉，认为好男人 = 对的男人。

其实这个公式不成立。

好男人很多，好女人也很多，但是你会发现，并不是所有的好男人跟好女人走到一起，就能真的幸福。

合适的男人才是对的男人。什么叫作合适？价值观趋同而性格互补。

价值观趋同

林夕说，很多人恋爱结婚，只是为了找一个跟自己一起看电影的人，而不是能够一起分享看电影心得的人。

之前讨论过价值观与信念系统的话题，我们不难发现，遇到一个价值观相近的人是一件多么幸运的事情。很多矛盾就来自价值观不同。每个人都下意识认为自己才是对的，所以才有对立。如果你说 yes 的时候，我没有说 no，你选择的，恰恰也是我的答案，那彼此之间怎么会争吵？

离婚案件当中，常常会有一条理由"性格不合"。其实根本问题不是性格，而是价值观。性格是可以调整磨合的，但价值观是难以转变的。或者这样讲，价值观相近，性格不同，还可以磨合继续走下去。但如果价值观不同，就一定走不下去。

譬如，我们都要去拉萨，目标一致，那么可能因为去的方式不一致，我们会争吵；但如果我们想去的地方就不一样，那根本没必要谈去的方式了。

哪些维度的价值观是你一定要衡量的？

大的方面：

人生的意义。

如果一个利己，一个利他，时间久了很难持久。

什么是幸福。

怎么看待家庭对一个人的重要性（位置）。

…………

小的方面：

如何看待男女在家庭中的地位。

对待父母的态度和观点。

对待朋友的态度和观点。

对待钱的态度和观点。

对待养育孩子的观点。

…………

　　比如你是一个迟迟下不了决心的人，这时有一个性格互补的人，就会帮你做一个果断的裁决。虽然方式不同，但是你们的价值观和目标没有任何分歧，这对你来说就是一个非常合适的人选。

　　那我们怎么发现这个男人就是对的男人？在走入婚姻之前，不能冲动，一定要仔细观察。

　　有很多人问我："结婚前发现他很对，就是您说得特别合适，那为什么婚后就发现他不对？"因为在婚前你们被恋爱冲昏了头脑。婚前你们都是拿着放大镜看对方的优点，觉得对方完美得不得了。而且大部分男人在恋爱期，都要彰显自己比较优质的特点，比如平常邋遢的，也会把自己收拾得相对干净；平常不太努力的，也表现得特别殷勤。但是等婚后激情退却，你就会发现他很邋遢，或者他没有什么激情，对婚姻很冷漠，于是你发现这个人变得非常不合适。

　　经常听到一句关于婚姻的话：大部分人结婚之后有一万次掐死对方的冲动。婚后，当我们都习以为常那些优点，或者一些原来就是故意显露出来的优点慢慢消失的时候，缺点就会被无限放大。双方开始磨合，试图要求对方改变；后来发现改变无效，就开始抵触、抗拒，开始争吵；最后发现实在无力改变，走不到一起，最终分开。

　　所以离婚的理由中，"性格不合"总是处在榜单前几位。因此，婚前一定不要冲动，要多观察，多相处。婚后即使有摩擦，在大的价值观高度趋同的情况下，摩擦也会慢慢磨合掉。

性格互补

性格互补非常重要。 互补意味着平衡与圆满，婚恋中的性格互补也同样如此。另一半一定有你自身缺失的部分，这会带来更多的稳定与和谐。如果你的性格有点偏女汉子型，可能你找一个暖男就相对比较合适。但如果你是一个柔柔弱弱的小姑娘，找一个虽然有点粗线条，但关键时候特别有担当，可以让你觉得很有主心骨的男人，会相对比较合适。如果两个人都很自我和强势，那么冲撞就会很多；如果两个人都内向、犹豫，那么必然对家庭决策和经营不会有更多益处。

互补性的性格在生活中其实是有利的，就像一个人跑得特别快的时候，另一个人说，我们慢下来，看看发生了什么。这样不容易因为冲动而造成巨大的损失。

互补关系就如藤与树的关系。 这世间的藤与树，无所谓好坏，只是因互补而相互依存，和谐共处。

但是，你要清楚地读懂自己的内心，到底是一根藤还是一棵树。

有些女孩子，外表很强，看起来像一棵树，但内心是脆弱的。这样很容易因为外在的表现吸引藤一样的暖男。但由于她内在还想要一些依赖，渴望男朋友在某些时候能替自己做主，结果暖男型的男孩子（藤男）多数比较容易纠结，不擅长决断，那么女孩子就会觉得自己非常辛苦。

因此，保持你的表里如一，才能感召到真正对的人。一个内在脆弱的人很容易在外表呈现出虚假的强大表象，伪装成一棵树。那么自然吸引不到你内心真正需要且适合的那个人。勇敢地面对自己，呈现自己真实的模样。如果你真的独立，有主见，愿意掌控所有，那么就去寻找一个藤男。但如果你内心脆弱，渴望在家庭中被呵护，不想操心太多，那么也要真实地做自己，去感召一个树一样的男人，为你撑起一片天空。

性格互补可能发生的问题。当然，一个在笑一个在闹，一个在任性一个在宠，是最好的状态。但还是有人有疑问：我开始的时候是按照您说的去找的，但是后来发现还是不合适，为什么呢？

因为所有的性格都是可以被双向解读的。比如一个是非分明、特别有英雄气概的人，在生活中可能特别粗线条，时间长了，你可能会觉得他的细腻和温暖不够，并不符合你的需求。或者你活泼开朗的气质吸引了一个很温和内向的男人，但是后来你又发现他在关键时刻承担不了责任，非常容易纠结，遇到事情很难决定，让你觉得很不爷们儿。

所以，最初的合适里面，其实也包含着未来有可能你认为的不合适。

但那份不合适也可以慢慢磨合成合适，这是相对而言的。

性格磨合是需要时间的，更需要智慧。建立双赢的态度，学习更多的沟通技巧，都有助于快速度过磨合期。

雁涵主张

对的男人，就是与你价值观一致，但性格互补的男人。性格互补会让家庭更加平衡和圆满。即使需要必要的磨合，也请你保持积极的欣赏心态，勇敢面对这个过程，你必将成为更好的自己。

六、优秀女孩子的择偶陷阱

"剩女"的成因

女孩子拼命把自己变得优秀，为什么最后嫁不出去了？

随着时代的发展，女性通过自己的努力，越来越优秀，也越来越多地承担起社会上的很多责任。女企业家、女政府官员不断涌现。

但是很多优秀的女性成了大家眼里的"剩女"，单身的越来越多，恨嫁的越来越多。为什么会有这样的现象出现呢？

从人作为动物的最基本属性上来讲，雌性动物潜意识都想选择比自己更优秀的基因，结合在一起，传承下去。

女友小 L，非常优秀。她一年收入 100 多万元。一位男士追求她，对她特别好，也不在意她之前离婚有一个女儿。她对他各方面基本都很满意，唯一不满的就是那位男士的收入一年在五六十万元的样子，于是她就过不去"他怎么可以收入比我低"这一关。男性的收入应该比女性高，她认为这才是合理的婚恋关系。

其实，很多女性也觉得自己是个硕士，就得找个博士，至少也得是硕士做男朋友；自己的家庭如果是小康水平，就一定要嫁个门第高一点的人。

甚至有些女性因为优秀很骄傲，不屑跟其他女性"争夺"一个男性。在这种状态下，愿意去争夺的女性就把优秀的男性争夺走了，她就变成了一个"剩女"。

择偶不能只看外在条件

只看外在条件这种狭小的选择范畴，或者比较偏激的认知，都会造成"剩女"在选择配偶的时候异常有难度。然而在婚恋当中，不是只有物质等外在条件一个尺度，还要看那个他是不是一个可以温暖你、懂得你、陪伴你的人。

雁涵主张

优秀女人如何正确择偶？因为你优秀，条件非常好，可能在事业或者学业层面能够达到很高的程度，所以更加需要一个在生活中愿意理解你，帮你打理生活琐事，从而支持你真正走到梦想终点的非常温暖的男人。也许这个男人的物质条件并不是那么出色，甚至并没有你懂的那么

多，但那不重要，因为婚姻的本源是两个人的默契与相

守，而不是条件的比拼。

七、强势的女性小心了

很多人说现在这个时代乾坤颠倒，有一些女性就像女汉子一样，拼命去拼搏。她们给自己的理由是，现在男性越来越靠不住，我不拼搏我靠谁？于是一批所谓的"强势的女性"就产生了。

强势的女性往往不幸福

我们做过心理学方面的统计，强势的女性在婚姻关系中能长久幸福的并不多。很多强势的女性在婚姻中会颐指气使，指手画脚，或者要求老公必须按照她说的做，家里大事小情都要自己做主，总认为老公做得不够好。

强势的女性容易导致老公外遇

强势的女性其实非常累，同时老公又会觉得在这个家庭当中得不到应有的存在感和相应的价值感，这就非常容易产生一个情况，就是他去外面寻求存在感和价值感。

　　我有一个特别好的女友，她真的非常优秀，也是海外留学回来的。她知道自己很强势，也找到了一个性情相对比较温和的老公。但是家里大事小情她都要自己操心自己做主，老公永远处在一个执行命令的状态。她还动辄指责老公哪里做得不好，甚至有时候还进行很严重的语言攻击，认为老公窝囊，没有本事，什么事都不行。

　　她生过小孩之后，老公居然出轨了，而且出轨的对象并不是非常优秀的女性，而是一个对她老公无条件崇拜、服从的女孩子，觉得她老公特别了不起。可能比她年轻几岁，但是相貌异常平庸。她很挫败，对我说："他如果能找到一个比我棒很多的，我也就认了，他找一个这样的女孩子，我心里面接受不了。"

　　我给她分析了关键的问题出在哪儿。

　　强势，并不代表咄咄逼人，不是一味管制，更不是一味放任。婚姻的基础是尊重，夫妻双方不管哪方强势，哪方温和，只要尊重对方，给对方绝对的存在感和价值感，就能保证婚姻处于一种稳定的状态。

　　女性可以强势，可以有脾气，可以有棱角，但是也要给老公旗鼓相当的爱，也要懂得圆融，而不是把老公打到尘埃里。

　　另外，即使观念不同，也要有共赢的理念。不能自己说什么就是什么，甚至上升到不听你的就是不爱你。这种撒泼哭闹不讲理，偶尔一次，老公还可能认为是一种情趣，次数多了，很少有男性能受得了。

其实，强势不是天生的，再强势的男性，也有脆弱的时候；再强势的女性，也有需要人呵护的时候。婚姻需要双方的努力去共同维护。

八、姐弟恋能长久吗

近些年，姐弟恋在婚恋关系中所占的比例越来越高，成为一种社会现象。

其实姐弟恋自古就有：过去结婚年龄非常小，基本都在 20 岁之前，男性那时一般心智还不成熟，所以家长会为他们选择年长几岁（一般 3 岁之内）的女性作为伴侣。

现代社会为什么姐弟恋盛行

爱情本就是无关年龄的事情。男大女小其实只是一种约定俗成，一是因为以前男性需要庇护一个家庭，年长一些懂得谦让女性，二是因为年龄的差别会让男性更成熟，更有责任感。

姐弟恋的盛行，是男性寻求放松的体现。现在很多男性生活压力很大，你让他再拿出更多的时间一直哄一个小女孩，一时也许还很有意思，但长久下去，男性会觉得疲惫。

女性成熟一些，会更加懂事，比较善解人意，知冷知热，情绪相对稳定，各方面更独立，更具包容性。这无疑让男性感觉更加放松。而且，因为年龄大一些，更有母性，这也会让如今心智不是非常成熟的男性感受到安全感。

姐弟恋能长久吗？我们看到很多姐弟恋相爱相守的典范，当然，也会看到最终无言的结局。其实即使不是姐弟恋，也会发生这样那样的情况。任何情感关系的长久都和缘分相关，姐弟恋能否长久，并没有定论。

姐弟恋中的女性需要注意的问题

调查显示，姐弟恋在女性仍年轻的时候，稳定度和幸福度其实比传统男大女小偏高。真正的问题出现在女性进入中年之后。这有以下几方面的原因：

生理原因：女性进入中年之后，各方面机体产生改变，皱纹增长，代谢下降，容颜渐渐苍老。而男性天然喜欢年轻美好的身体，于是在这个阶段，男性外遇高发。

心理原因：女性衰老是一种必然现象，但衰老会引发女性心理波动。她们慢慢开始不自信，慢慢有了很多莫须有的担心。以前的理解、包容，慢慢变成不安，于是她们开始作。这也让男性觉得烦躁，引发抗拒，导致问题出现。

两人相处模式方面：在相同年龄的夫妻间，女性的心理年龄要大于男性 5 岁左右，在女大男小的婚姻中，这个差距更加明显。最初男性感受会非常好，有一个女人能够在生命中给予指导和支持。但男人会慢慢成熟起来，这时候他会有自己的想法，想按照自己的意愿行事，女性这时往往不能适应，因为掌控已成为习惯。于是一个想逃离，证明自己；一个想继续掌控，否则就会不安，慢慢地问题就会出现。

"大"女人的"小"心思

爱情就是爱情，不分年龄。很多女性对姐弟恋是心存疑虑的。但姐弟恋其实没有那么可怕。总结一下相伴到老的姐弟恋的情形，我们会发现这里面的诀窍如下：

第一，无论何时都不放弃自己。

年轻有年轻的美好，年长有年长的韵味。褪去青涩，反而更有经过岁月洗礼后的优雅的味道。无论身材、样貌、衣着，还是自己的事业，都要进行自我管理。

第二，保有淡然处之的心境。

岁月如歌，你方唱罢我登场。每个人的一生都会出现华彩的乐章。同时，也必将归于平淡。不慌张，不抓狂，年轻女性没有的淡泊与波澜不惊，才是你那个阶段该有的模样。

第三，懂得适时退出。

大女人一定要懂得适时退出。你的角色，可以在一时充当母亲、姐姐、导师，但你一定要清楚，男人是会长大成熟的。发现对方越来越独立和寻求掌控的时候，智慧的女人应该为此而欣喜。那才是婚姻本该有的家庭序位。你不需要一直做老师，而要慢慢陪伴一个男人成熟，最终让他成为你的依靠。

雁涵主张

爱情是很单纯的东西，无须在意世俗的观感与看法。当然，每段恋情都会面临不同的挑战。女大男小，只是不同的恋爱模式之一。留意此类婚恋模式的特殊性所在，掌握好情感经营技巧，幸福同样会属于你。

九、爱他，等他自由再谈

　　我们必须承认，"小三"是高发的社会现象，甚至有些男人，把有小三当成一种荣耀和标志。

　　小三就是"情感介入者"。无论是婚姻状态的介入，还是恋爱期间的介入，均是如此。

　　为什么会有人愿意做"小三"呢？

　　出于利益。有的女孩子甘愿给有钱人做"小三"，因为利益可以得到满足，这是一种交换关系。因此，不会获得任何尊重感。招之即来，挥之即去，而且随时可能被替换。因为在有钱的男人心里，"小三"与商品无益。青春被标好了价格，身体和情感可以被出卖。我拿青春换金钱，之后，一拍两散。这是一种心态，我并不想过多评论。

　　出于真爱。这是本部分重点要谈及的部分。对的时间，没有遇到对的人，是一种痛苦。但遇到对的人，却在不对的时间，这更是一种遗憾。最终导致的悲剧，令人唏嘘不已。

　　这时相爱有错吗？我们的确看到，有一些相遇，是出于真爱。他们灵魂相通，性格相合，一见如故，接下来，就是渴望长久在一起。但可惜的是，对方已有家庭。相爱有错吗？应该是没有错的，那么你要勇敢去爱不是吗？

是的，相爱是没有错的，但是姑娘，世俗是有因果律的。这点需要我们牢牢记在心里。

爱情的特性就是专一而排他的。你怎么会心甘情愿地与他人分享自己心爱的人？

也许在开始的时候，你会说：我什么都不要，只要相爱就好。逢年过节，你不能和他联络；深夜你一个人辗转反侧，想到对方正睡在另一个女人身边，甚至还有哪怕是尽义务也不得不完成的亲密接触……如果是真爱，你会不会有强烈的失落感，妒火中烧？**你会长时间在失落和嫉妒中生活。**

这样的情绪，不可能不化为自怜与抱怨，紧接着，就是要求"你什么时候离婚"？而这个话题，是男人最怕面对的。于是，他只能撒谎，一拖再拖。这期间，你们的关系还可能被对方的另一半知晓，你要承担的是来自站在道德高地上的谩骂与指责，甚至暴力相向。你的委屈会变成更多的抱怨，更多更紧迫的要求。最终，男人不胜其烦，开始逃离，最终分开。

女人受的伤害最大

我有一个学生，等了一个男人足足8年，从22岁到30岁。这个男人以孩子还小为由，离婚之事一拖再拖。她也心甘情愿地一直等，因为她相信对方的承诺。这期间她堕胎四次，她生病，很多次都是自己跑到医院就诊，可以算是"小三"中的典范！她选择了一直等待，一直隐忍。因为相信他们真的相爱，相信老天会给她的坚守一个答案。

而最终的答案却是：对方选择了全家移民加拿大，理由是为了孩子得到更好的教育。最后一次见面时，放在她面前的是一张存了一大笔钱的银行卡，还有那个男人痛哭流涕的抱歉。她把卡丢在那个男人的脸上，自己默默地离开了，而后陷入了深深的抑郁。最后在我的帮助下，她花了几年时间慢慢好起来，但遗憾的是：她不能再生孩子了。

再爱他，也等他单身再谈

很多男人最初找"小三"，只是为了寻找平淡枯燥、程式化婚姻生活之外的一种调剂。于是，看似不主动，但也不拒绝，根本也不想负责任。男人到了一定年龄，事业上有一点成绩，会呈现很强的工作能力，同时也会比较了解女人，会献殷勤，有幽默感，呈现出理解和包容的状态。刚工作的女孩子就容易被这样的男人深深吸引，于是不能自拔地深陷其中。一旦女孩子提出结婚，大部分男人就会落荒而逃。为什么？

离婚成本令很多男人望而却步。 现在不像以前，以前家徒四壁，分了也就分了，如今夫妻共同财产很多，离婚必然牵扯到财产分割。

这是极其复杂且麻烦的事情，大部分男人不愿意面对。

孩子的养育。的确很多婚姻名存实亡，但"为了孩子维系婚姻"是很多人的习惯。我们还没有办法做到，离婚之后心无芥蒂，按时探望，双方还是朋友。很多时候，女方充满恨意，从此不让爸爸见孩子。而在很多男人心里，这也是过不去的坎儿。

舆论的压力。对一些特别在意外在评价，且一直以良好人设示人的男人来讲，这个压力也是巨大的。如果因为第三者抛妻弃子，父母怎么想？朋友们怎么看？同事们会有怎样的非议？这些都是他们难以面对和承受的。

面对这三重压力，大部分男人都会对离婚望而却步。在关键问题上，男人是比女人理性的。他知道怎样的取舍对自己最有利。所以，如果第三者逼婚太急，哪怕他们不想，也通常会选择放弃。

所以，姑娘们，醒醒吧。事情远没有你们想象的那么美好。他爱你也许是真的，他承诺的那一刻也许是真的，但他面对压力的时候做不到也是真的。聪慧成熟的女人，从来不会孤注一掷地投入，等待一个迟迟不决的如同审判一般的结局。

你可以把选择权交给他。但即使再爱他，也要等他自由再说。

没有人能够身处其间，毫发无损

有些女孩子因此伤了心："凭什么啊，我这样受伤，他回去过他的好日子去了，这太不公平了。"

请相信，这个世界是公平的。任何一段关系发生，没有人能毫发无损，全身而退。不要以为做出决断的男人就此轻松，他依然会为此付出代价。且不说，如果他真的爱你，没有兑现承诺的自责与亏欠，还有因为现实压力，选择分开的遗憾。就是回归家庭，他和老婆之间的信任和家庭关系也需要重建。他还要面临很多来自另一半的情绪释放，也非常有可能就此关系破裂。

雁涵主张

　　我始终讲，情感关系不是只有结婚一条路，并且这条路远没有我们想象的那么美好，只有花前月下，卿卿我我。婚姻生活是琐碎的。

　　我们相爱了，这没有错，但如果真的不是对的时间，那怎么办？是强行以牺牲一个家庭为代价成全自己的欲望，还是各自在不远处相"望"于江湖？这是一个值得深思的选择题。

十、警惕"妈宝男"，更要警惕"凤凰男"

1. 关于"妈宝男"

"妈宝男"是这些年大家耳熟能详的一个词，"妈宝男"就是什么事都听妈妈的，一遇到事就找妈妈的男人，对他们来说，老婆并不重要。似乎你们在成立了小家庭之后，他妈妈还是这个家庭的主人，而你们都必须得听她的，这样会让很多女性心里不舒服。

"妈宝男"究竟是怎么形成的

"妈宝男"到底是怎么一步步形成的呢？其实和他们妈妈的几种想法有很大关系。

第一，自己辛苦生养的儿子，一定要和自己最亲，一定要听自己的话，不然就是不孝顺。

第二，儿子如果很依赖自己，自己会非常有成就感。

第三，认为儿子的一切行为都必须在自己的掌控之下，这样自己才有安全感，自己的努力才没有白费。

第四，有的单亲妈妈，独自抚养儿子，会把所有的希望都放在儿子身上，儿子就是自己的精神支柱。这样会导致孩子产生很大压力。孩子觉得妈妈为他付出这么多，自己唯一能够为妈妈做的事情就是听妈妈的话。

为什么很多男人甘愿当"妈宝男"

一方面，你可以想一下，你什么时候最快乐？一定是小时候，你遇到任何问题，都有家长为你解决。你不需要拼搏，不需要努力，家长都为你解决好，那一定是最放松和最舒适的时候。所以，一直这样长大的男孩子，骨子里面还是小婴儿，遇到事情之后，第一反应就是找妈妈。因为那是他认为最值得信任的人。

另一方面，就是不忍让妈妈失望。有一些男孩自己是有主见的，但是因为不忍让好不容易把他带大的妈妈失望，就会很听话。因为妈妈打小就跟他说，妈妈为他付出多少，自己带他很不容易。他为了不让妈妈难过，于是选择让老婆受委屈。

"妈宝男"的性格特点

这类男孩本身的性格比较懦弱、纠结，很喜欢打游戏，因为他们从小什么都不用去做，甚至不需要思考，妈妈都做了。他们的独立性没有被培养，长期懒得思考；同时，因为没有自主性、掌控感，会激发他们内心的某种不安。虚拟世界可以满足他们的需求，他们自然就会逃避到虚拟世界当中了。

和"妈宝男"在一起的挑战

在婚前，女性一定要去看对方的原生家庭，这点很重要。如果对方是一个离异母亲单独带大的孩子，你确实要警惕。这样的男孩在热恋期间会以你为主。热恋期过了之后，你们结婚了，婚后要面对各种琐事。尤其小孩子出生之后，孩子奶奶试图跟你们住在一起，就会产生各种各样的问题。比如她与你们价值观不同，又要求你们服从的时候，就会有冲突产生。如果你没有智慧，没法跟婆婆一直保持良性关系，你也没法指望老公会站到你这边，你会非常无助，且这种情形难以改变。

雁涵主张

如果你发现这个男孩是单独在妈妈的呵护下长大的，你要去了解他妈妈是一个什么样特质的人。如果她是比较强势的，这种男孩不是不能嫁，而是说，你需要在婚前跟他磨合一段时间，要让他知道怎么区分亲密关系和母子关系。告诉他，在进入婚姻之后，亲密关系是第一位的。并不是说妈妈不重要，而是我们一起孝顺她，但是要在合理的范畴内。你需要不断给他灌输界限管理意识，如果他可以调整，你再跟他步入婚姻的殿堂，是比较好的选择。

2. 关于"凤凰男"

为什么"凤凰男"看起来非常有吸引力

"凤凰男"一般出身比较贫苦，但是通过自己不懈的努力，考上了好的大学，工作也特别上进，可能也实现了财务自由。

他们在工作上非常有上进心，做事情有执行力，解决问题能力很强，很有责任感。在热恋期，他们对你的追求也会非常用心与执着，所以很多女孩子就很喜欢这一类型的男人，觉得他们特别可靠。

但是，"凤凰男"的根本信念只有一个——自我价值证明！工作上努力，是因为童年贫困遭受到的物质缺失与生而不公，一定要在不懈的努力中赢回来；恋爱中追求你，赢得你，也是为了证明他的价值，"他值得被爱"！心理学中的代偿心理就适合用来解释这样的行为，他要通过证明自我价值，代偿童年所有的苦难。

我有一个郑姓朋友，出身贫困，来北京时身上只有200元，他睡过地下通道，在火车站扛过行李，最苦时翻过垃圾找东西吃。后来从一个快递软件的工作做起，最辉煌的时候，在全国开了10家分公司。生活过得优渥之后，办的第一件事，就是在老家盖房子。因为他父母共有5个孩子，小时候异常贫困，被邻里欺负，所以他为父母盖了全村最豪华的四层楼房，且给哥哥姐姐每个人在县城里买了房子，资助他们做小生意。有人说：他真是有责任感。但有一次我和他聊天，他跟我说："我这么做，就是要证明我牛！"

他是一个初中毕业生，费尽苦心追求到了一个知名院校毕业的漂亮聪慧的女硕士，但是，一直在外面"彩旗飘飘"。他老婆跟我说："真的没办法，我也不知道他为什么一直如此。"后来我通过与他沟通分析得知，他初中的初恋因为嫌他贫困没和他在一起。后来在北京，他曾认真地爱上一个女孩子，倾其所有为她付出，但那个女孩子后来和一个为她买了价值2000元的包的男人走了。之后，他开始喜欢征服女性，且每次必送2万元以上的包。但同时他又觉得女性是不值得尊重的，他只是在体验追求占有的过程。

当然，并不是所有的"凤凰男"都如此不堪，我只是对有"代偿心理"的"凤凰男"举个案例。

与"凤凰男"结合的代价

很多"凤凰男"结婚之后，甚至是有了孩子之后，陪伴老婆、孩子的时间都很少，他的理由是"要挣更多的钱给孩子和老婆"。他不会认为婚姻生活是点点滴滴，是彼此陪伴，他所有的时间和精力都会贡献给事业。他也的确拿钱回来了，也没有出轨，也很努力地工作，但就是对家庭的关注很少。当你跟他理论的时候，他会说："你怎么这么不懂事？我赚钱都是为了这个家，你为什么还要指责我？"让你百口莫辩。

他为了家庭也的确是真的，但家庭只是他生命中第二重要的。他真正的目标是实现他的自我价值。因为他是从底层慢慢地、一步步地爬上来的，所以他会呈现出非常强烈的企图心和拼搏意识。

这种类型的男人，你在最初选择他的时候，会觉得他的优秀给你带来很多很好的感受。但在结婚之后，他很少陪伴你，也很少做家务，在家庭琐事上，你会承担得非常多。有一些本身很优秀的女人在结婚之后同样也要忙自己的事业，如果两个人都没有关注到家庭，就会造成两人的分歧，甚至离异。

雁涵主张

　　你的他如果是从社会底层走出来的，是靠个人奋斗达到一定成绩的，那么你们双方需要在婚前不断地磨合对婚姻的认知。你们可以先去界定一些事情，比如一个月需要有一天家庭日，这一天他要完全陪伴家人，你需要他关注什么，你希望他可以做哪些事情，等等。你们双方先一起达成共识，再共同建立一个家庭模式，然后步入婚姻的殿堂，是比较明智的方式。

第 6 课

婚前那些麻烦事

　　两个人想要走入婚姻，却发现，自己可能还要面对各种问题：两地分居，婚前恐惧，父母依旧反对，要不要孩子……你该如何解决这些问题？

一、两地分居怎么办

当你紧紧握着我的手

再三说着珍重珍重

当你深深看着我的眼

再三说着别送别送

当你走上离别的车站

我终于不停地呼唤呼唤

眼看你的车子越走越远

我的心一片凌乱凌乱

千言万语还来不及说

我的泪早已泛滥泛滥

从此我迷上了那个车站

多少次在那儿痴痴地看

离别的一幕总会重演

你几乎把手儿挥断挥断

……

——《离别的车站》

有一些青年朋友在结婚之前，因为职业选择的关系，或者公司工作调动，双方不一定会在同一个城市，导致两地分居。这的确是一个非常大的挑战。很多人就是因为两地分居，情感慢慢就淡了，最终分手，这其实是很可惜的一件事情。

古人说："两情若是长久时，又岂在朝朝暮暮。"其实对于现代人而言，两情相悦是需要朝朝暮暮的。现在外在诱惑很多，男女双方又分隔在两地，如果两个人的联系不是很密切，又不是很了解彼此的日常生活，当他人进入自己生命的时候，就很容易造成情感的变动。这时要怎么办？

理解不能丢

虽然你们身不在一处，但是要让对方感觉到心是在一起的。

有些女性的安全感比较低，一旦分隔两地，她经常会对男朋友说："你为什么不回电话，你刚才干吗去了，给你发微信不回，手机也不接，你刚才是在做什么……"她的不安会呈现出一种非常作的状态。一天两天，男性可能无所谓，但时间长了，他会觉得非常疲惫。这种责问方式里面没有信任，也没有理解。

婚前，年轻人一般都会忙于工作，压力很大，尤其是男性，因为受传统观念的影响，养家的责任更重，所以努力打拼，要给自己的事业一个稳定的基础。即使女朋友很爱他，但是如果她呈现的状态是动辄指责或者埋怨，也很容易让男性启动逃避模式。

如果你确实因为对方没有接听电话，或者回微信，就很慌张，也不必强行掩饰这种慌张，你可以用一种很稳定的情绪状态告诉对方："如果你能更及时一点回我的信息，我会很开心。"也就是说，你可以给他一个积极正向的引导，他会知道这是让你开心的事情，他会尽力去做。

关怀不能丢

另外，你要对没有事业基础、正在全力打拼的男朋友报以关注与关怀。你可以每天通过打电话问问他今天情况还好吗，公司有没有发生什么事，帮他分担一些焦虑和压力；你也可以关心一下他的日常生活，快递一些他爱吃的东西；有假期的时候，在费用允许的情况下，多见几次；等等。这些其实都是可以让处于两地分居情况下的男女朋友的感情不产生大变动的方法。

雁涵主张

人心的变动，很大程度来自长期不在一起，没有良好的互动，没有心与心的沟通，就是你在他的生活中被边缘化。假如这个时候有一个新的很有吸引力的人进来，就很容易破坏这份感情。你人可以不在，但是你的心要在，你的关怀要在，你的信任也要在。让你的另一半感觉到轻松，是让感情稳定下去的必要条件。

二、恐婚怎么办

现在很多年轻人越来越害怕婚姻，觉得迈进婚姻的殿堂是一件很有风险的事情。

1. 恐婚的原因

恐惧失去自由

这来自于现代人更加强调自我。

在我们父辈那个年代，赚钱都不多，只有两个人把仅有的生活资料放在一起，才能构筑一个家庭，抚养孩子长大。现在的年轻人，自己赚钱自己花，在物质上，不会有很多紧迫感；同时，他们又极度追求自由和自我价值的实现。走入婚姻之后，双方必然会产生一些摩擦，甚至冲突。即使两个人婚前已经磨合得差不多，一想到结婚之后肯定没有结婚之前那么自由，就会让人非常恐惧。

缺乏正向的榜样

父母双方的婚姻模式在很大程度上会左右孩子在成长过程中对婚姻的认知。如果你从小面对的就是父母不停争吵的家庭，在成长过程中你就会非常讨厌婚姻，你会认为婚姻一点意思都没有，还不如一个人生活。如果父母是那种动辄就冷战、彼此不说话的状态，你会觉得结婚有什么意思？家里每天冷冰冰的，回家顶多是有口饭吃、有地方睡觉而已，没有正常夫妻间的互动，所以一想到进入婚姻也会异常恐慌。

不想要孩子

对一些人来说，如果不想生孩子，那么婚姻就没有必要了。以前人们总是说"成家立业"，谁要是年纪大了还不结婚，不成家，就会有人指指点点。但是现在这个社会，很多人更愿意遵从自己的内心，选择一种相对独立的生活状态。

如果你出于上述原因而产生恐婚心理，其实也是很正常的。

2. 如何正确理解婚姻

看待婚姻需要客观

所有事物都是两方面的，婚姻也不例外。

一方面，你要承认婚姻中的确会有一些摩擦，真正相濡以沫的婚姻，在如今每个人都很自我的时代，已经越来越难以想象了。婚姻充满琐碎，到处都是柴米油盐酱醋茶，夫妻双方之间不可能没有矛盾，这是事实。

另一方面，婚姻同样有它的美好。当你疲惫的时候，家是一个很好的港湾；当你遇到风雨的时候，家是最好的保护伞；当你对人生有一些思考的时候，有一个人可以与你分享；你们也可以共同创造一个爱的结晶，然后携手陪伴一个小生命成长，并在这个过程中实现自己成长。

这部分喜悦是一个人生活时没有办法合法获得的。因此我们要客观看待婚姻，除了担忧，也要多去思考它积极的一面，要相信自己通过努力和自我成长能经营好一段婚姻。

婚姻是一个交集

有的人说自己很怕婚姻的束缚，没有相应的自由；有的人说很怕婚姻之中的争吵；等等。其实这些事情是很容易在结婚之前达成一致的。婚姻是一个交集状态，它不该成为一个子集和母集的关系，就是不必我一定要融入你。只要双方忠于这段感情，忠于法律制定的婚姻体制，就可以保留自己交友的权利，保留自己独特的爱好，安排自己的事情。

美好的婚姻是让彼此成为更好的人

多少人在婚姻当中彼此囚禁、彼此束缚，要求对方、控制对方成为自己期待的样子？我们深知，改变自己都很艰难，何况改变别人。婚姻其实是以某种形式让两个人生活在一起，成为彼此的镜子，发现自己不曾了解的某一面，也许是在正向沟通中，也许是在冲突中。我们在相处过程中，本有的情感无从遮掩；我们在与彼此的磨合中，学会了反思与让步；等等。这都是婚姻带给我们的积极的一面。

雁涵主张

人生是一个不断体验的过程。不是所有的选择都是对的，但我们一定要相信，没有真正的失败。我们有权利决定尝试婚姻，抑或不尝试婚姻！你可以享有独立与自由，但是你也失去了彼此承诺所带来的婚姻的幸福感。

　　无论你选择与否，请不要让自己的选择出自不安与恐惧，而应是在客观评估自己之后，遵从内心的声音。当你真的想明白这件事情，就大胆地去尝试吧。无论选择单身的自由，还是婚姻，你都没有错过生命中本该去经历的那些事。

三、闪婚能幸福吗

闪婚这事儿幸不幸福，没有定论。

我看到过很多闪婚幸福的样本。譬如大S夫妇，大S说："我第一眼看着他，就觉得会和他结婚，并且生孩子。没有理由。"譬如刘欢夫妇，他们也是认识45天就结婚了，同样一直相守到现在。

当然，我也看到过闪婚后闪离的案例。

情感是没有办法一个套路放之四海而皆准的。所有给出的答案，都只能是仅供参考。

相信闪婚必有其理由

心理学中有一个6秒钟定律：我们第一眼看到一个人，通过"直觉"就知道喜欢不喜欢了。有些一见如故的人，深入沟通之后，会发现大家有共同点，这就是能量相吸、气场相合的道理。

闪婚不代表一定幸福

我在过往处理过的案例中发现，闪婚的人一般会经历一段高峰体验，两人如胶似漆，一分钟也不想离开对方。大家都觉得对方与自己简直就是灵魂双生子一般，都有相逢恨晚、众里寻他千百度的感觉。但物质燃烧得越快，成为灰烬的速度也越快，于是，不协调的声音很快出现，大家会错愕不已地想："难不成我看错人了？"其实哪里是看"错"人，只是你这个时候才看到了"真实"的对方而已。有些人，接纳了这个事实，同时也珍惜这份难得的相遇，甘愿进入磨合期；而有些人，就此启动逃避模式，选择了分手。

所有的幸福都是磨合出来的

不管是否闪婚，最终的幸福都是需要夫妻双方磨合出来的。一直恩爱如初的夫妻关系中，缘分、克制、宽容和自省，一样都不能少。而且两个人都需要在情感关系中异常熟悉。这真的是极难同时出现的事情。所以别担忧闪婚不幸福，也不要认为一见如故的闪婚一定幸福。

雁涵主张

如果一定要给答案，多久结婚（对于闪婚来说）才合适（现在的人就是很喜欢听答案），我的建议是三个月，最佳时间为半年后。因为激情期是三个月到半年，这个时候人是非常不理性的，待激情退却之后，如果仍然相爱如初，再考虑结婚，是合适的选择。

四、父母催婚怎么办

很多人发现，自己早恋的时候，父母拼命阻止："不行，你现在要以学习为重。"当毕了业，全力以赴忙工作的时候，父母又站出来说："你赶紧谈恋爱，你赶紧结婚。"这导致租男友、租女友回老家过春节，演一场戏给父母看的情况频繁出现。因为带着男、女朋友回去，不至于被父母逼婚。

有些人就说："你真烦，别再说了，我没有遇到合适的。"也有人不堪重负，最后被迫抓一个赶紧结婚，但未来并不幸福。

那父母为什么会催婚呢？

1. 父母为什么会催婚

社会传统观念作祟

父母们都认为"男大当婚，女大当嫁"是再正常不过的事情。

觉得年龄到了，必须要结婚，随便先找一个人结婚，再去磨合，只要不是太差就行，结婚晚了，不是好事情；不婚就更别说了，那根本不能接受。尤其是女孩子的家长："天哪，你最后剩下了，你嫁不出去了怎么办？"他们希望女儿在还年轻的时候可以嫁人，这样他们就放心了，觉得女儿下半生总算有了依靠。

但是对我们来讲，完全不是这样的，因此就出现了一场逼婚大战。

父母的婚恋观

在我们父母那一辈，或者比父母年龄再大一点的长辈，很多是靠相亲，或者亲朋好友介绍之后觉得还行，就结婚了。双方根本没有谈过恋爱，更别说婚前同居。

现在大部分年轻人自由恋爱，要的是灵魂伴侣，要的是价值观高度趋同。他们当中，大部分都是独生子女，非常自我。双方很难在一个不断发生争吵、磨合、碰撞的婚姻关系里存有更多耐心。如果吵一次，彼此道歉，就过去了。但如果吵三次、五次……累积到一定程度的时候，就会觉得"何必呢，这社会没谁不行？一个人过得好好的，干吗要找另外一个人一起生活，然后吵架呢"。社会越来越开放，没有人还认为分手是什么大事儿，饱受争议。无论是男性还是女性，在都有能力养活自己的时候，就更不愿意在婚姻的关系中让自己受委屈。

2. 如何应对父母的逼婚

第一，跟父母温和地说一些道理。很多人说："我讲道理父母也不听，所以就不讲。"你一定知道谎话重复一千遍还可以变成所谓的真理，何况你还是在讲一个真理呢？你可以告诉父母："我很了解你们着急的心理，我也很着急。但时代不一样了，我们没有办法将就，一定要遇到一个合适的才能长久过下去。"或者这样跟父母说："您说我是找到一个合适的再结婚，还是随便找一个结婚，之后再离婚呢？"大部分比较理性的父母，还是希望孩子能在婚姻中收获幸福的。所以，他们可能会让步。

第二，孝而不顺。当然还有一些特别在意社会看法的父母，觉得赶紧找一个人结婚就行，不然周围亲戚朋友怎么看？他们会觉得要多合适才叫合适呢？你长得不是太丑，家庭还好，就赶紧结婚了吧。他们不认为精神方面的互相理解、懂得、欣赏、尊重这些品质是重要的。

面对这样的父母，讲道理会比较难，因为彼此在恋爱婚姻方面的价值观不同，很难说到他们心里去。这时你就可以采取一种方式，叫作"孝而不顺"。嘴巴上答应他们："对对，我现在就在找，我发出了很多英雄帖，感召天下有缘人进入我这个可挑选的范畴，我一旦确定了就跟您说。"或者："我已经相了一个，但还没有确定，一确定就带回去给您看……"

　　无论选择实言相告，还是善意的谎言，都请理解父母，带着你们的尊重去与他们沟通。

五、父母不中意另一半怎么办

　　我有一个好朋友，她在 21 岁的时候被父母安排嫁给了当地首富的儿子。她在嫁人之前，其实已经在和高中的同班同学谈恋爱了，但是她父母就是不同意，因为那个男孩的家境不好。最终，她无法拗过父母，只得出嫁。但她生完小孩之后，发现丈夫出轨了。因此她毅然决然地选择了离婚。她心里恨极了父母，把新出生的孩子直接丢给父母养，自己过了好几年非常颓废的日子。直到近几年，30 岁之后，才慢慢走出阴霾，开始新的生活。

　　这种事情在我们的生活中屡见不鲜。父母有一套自己的评估体系，并且坚定地认为自己是对的，这就出现了各种试图"拆散有情人"的父母。这个问题需要一分为二来分析。

父母是局外人，相对冷静

　　我们在爱中是盲目的，有时并不能一眼看到一个人真正的品质。

但父母经历的事情比我们多，看的人也多，所以很多情况下，他们的判断比我们在头脑发昏热恋期所做的判断的准确度会更高些。父母的一些经验还是很值得参考的。

比如有些女孩子从小就缺少父爱，就非常有可能一时被某个男孩的关爱打动，而忽视了那个男孩品行上的一些问题，有经验的父母会捕捉到一些她忽略的细节，觉得这个男孩不靠谱。但父母更理性，他们害怕自己的孩子在未来会多很多麻烦，会受苦，在这些情况下，他们会阻止或者干涉孩子跟不符合他们期待的另一半在一起。

在这种情况下，作为孩子的你有两种选择：

第一，乖乖听从父母的安排，与他们选择的另一半生活在一起。在这种情况下，一般前期双方处得还行，但是后期幸福指数可能不会那么高。因为双方毕竟没有相爱的基础，后期一些关系上的磨合会变得非常艰难。

第二，跟家庭对抗，不惜与父母为敌，与家庭彻底割裂，与自己选择的另一半在一起。

这两种都不是明智的处理方法。明智的方法应该是共同面对问题。

共同面对问题

大部分人认为与父母是没办法共同面对问题的，父母压根不听他们说！但是，任何矛盾产生的时候，尊重和耐心都是第一位的，要懂得"换位思考"。大部分人要求父母换到自己的位置思考，很少有人能真正换到父母的位置进行思考。他们理所当然地认为，父母就该理解我、支持我。

心理学中有一个专业名词叫"共情"，就是"我懂，我在听，我理解，我知道，我接纳"。如果我们可以站在父母的角度理性地、冷静地去沟通，就表明：我们理解他们的担忧，我们分享自己的观点和解决方案，我们有承担最坏结果的决心。把这些内容讲清楚，大部分父母接纳这个结果的可能性会高很多。但更多时候，我们在与父母相处时反而没有耐心，会极端烦躁，认为父母在干涉自己自由选择的权利，从而忽略了父母这样做是基于他们的爱，只是方法过于极端。

六、婚前该不该试婚

如果把握住期限和尺度的话，试婚是一件好事。因为谈恋爱的时候，双方各在一个地方，在一起相处的时间少，彼此对对方具体的生活状态并不是特别清楚。

但是如果有一个时期在一起，比如一周会在一起住一两天，就可以在很多方面进行磨合，就像婚前的一个实验一样。这样你们就可以在生活习惯、生理等方面提前了解彼此。如果在婚前的试婚阶段没有磨合得非常好，两人配合度也不是很高，没觉得双方特别合适、有默契，指望结婚之后再去调整是非常困难的。

试婚的时间，我建议是半年到一年。双方稍加磨合，各方面都做了调整和让步，到一个稳定的状态，就应该进入下一个彼此承诺和负责的阶段，用婚姻的形式来巩固这段关系。

试婚不宜时间过久。有一些感情比较稳定的情侣双方都很熟悉，彼此也没有什么不可调和的矛盾，两个人就一直试婚下去，三年、五年，甚至七年。时间太长，走入婚姻的概率反而变小。因为时间过久，更深层次的牵涉两个家庭的矛盾就会显现出来，生活琐事会让两个人感到很疲惫，激情下降，甚至开始挑剔对方，等等。但这并不是说婚姻是束缚，婚姻代表一种责任，可以帮助双方去度过比较艰难的调整期，顺利进入稳定期。

雁涵主张

　　对于婚前要不要试婚这个问题，我只想强调一点：无论你是不是以结婚为最终目的，当你想深入一段感情关系的时候，请带着真诚！这个真诚不是给别人的，是给你自己的，只有这样才对得起你自己的时间、精力和情感的付出与投入。无论最终双方是在一起还是分开，你们都会没有任何遗憾，因为你们曾经认真地对待过彼此。

七、要不要孩子

现在很多年轻人即使结婚也不是很想要孩子，他们认为要一个孩子的物质成本非常高，要耗掉自己非常多的精力、时间等等。

其实，**要不要孩子，是每个人的自由选择**，不是社会制度规定你一定要怎么做。但是如果你想跟一个人一起走入婚姻，双方就要在这点上达成高度一致才行。否则这会成为你们将来争吵的一个原因。有些人当下不要，过几年又可能想要；有些人就是"铁丁"，丁克到底，夫妻双方都认同丁克是一个很好的方式。比如梁宏达，他在一次节目中就说他跟老婆是"铁丁"，不要孩子。歌手李健也说：第一，他不买房子；第二，他跟老婆从高中时一路走来，到现在也不要小孩。他们觉得要了孩子就得对他负责，他们觉得没有必要让孩子再来这个世界上受一番苦。这当然是他们的选择，无可厚非。总之，前提就是夫妻双方一定要在这个问题上达成一致。

一个人从小孩子慢慢长大，当长到成为他人的父母时，会体会到从没有过的感受——"无条件付出"。面对自己的孩子，他生下来的时候那么柔弱，嗷嗷待哺，你们是他唯一的寄托和依赖。在这种状态下，你们会被激发出一种很强的责任感，这种责任感就是我们要对其他的生命负责，既无条件地付出自己所有的爱，同时也会体谅自己父母和天下所有父母的不容易。**养育孩子是让人心智成熟最快的一个途径。**当然这不是唯一的途径，但的确是最快的一个途径。

八、婚前要不要谈钱

有一个类型的女孩子自诩不是物质化的女孩子，不会跟对方谈钱；有些女孩子家庭教养非常好，不会让对方花很多钱，如果对方给她们买一些东西，她们也会对等地为对方付出一些；还有一部分女孩子认为："你不给我花钱，就是你不爱我。"她们会把物质和爱情画等号。

其实，不好意思谈钱，或者只谈钱，都是极端的做法。

因为每个人对于钱的态度是不一样的。有些人当下没有给你买很多东西，但是他是想攒一大笔钱，可以给你买一个大钻戒，或者婚后给你更优渥的生活。大家不用谈钱色变，觉得这个话题是不能触碰的，或者只是暗中观察对方，看对方的表现。

对钱的态度不一致，其实是婚后巨大的雷区。很多家庭的纷争都来自对财物所持态度的不同：比如很多大大咧咧的女性的老公对钱很上心，一个在乎钱的女性的老公花钱大手大脚。于是纷争开始，争吵不断。双方各执一词，都希望对方听自己的。

雁涵主张

　　婚姻是一个很漫长的过程，彼此要相处几十年，我的建议是：事前谈，其实比事后谈要好。婚前需要做很多约定：如何孝顺父母，探望的周期，买多少礼物，给家庭可以贡献多少钱，家庭事务中彼此分担的比例，等等。如男方赚得多一点，就可以负担得多一点；女方可能赚得少一点，就只负担自己的花销，这都没有问题，但是双方一定要达成一致。

　　双方重点要谈如何使用钱。比如对于一些消费，男方觉得是否合理，女方觉得是否合理，双方认为怎样是合理的。

　　很多人谈钱色变，觉得谈钱伤感情。但为了婚后不伤感情，结婚之前聊一聊，双方达成一致是比较好的选择。如果在婚前很难达成一致，或者根本没有谈，婚后会发现关于这个问题的矛盾非常大。其实很多婚姻的问题，大到是价值观方面的，小到一些细碎的比如说钱，比如说性，都会引发婚后巨大的变化。

九、婚前难以承受的，别指望结婚会好

有学生向我咨询："我发现对方有个特别大的问题，是我难以承受的，但他其他方面都很好，我还要不要跟他结婚？"

这个问题要从两个角度去看。

及时提出自己不满意的方面

随着双方接触的逐渐密切和情感的深入，恋爱关系不会再像热恋的时候，你的眼中只有对方优点的情况会随着激情减弱而消失，你会慢慢发现每个人都有相应的不足。对方有他的不足，你也有你的不足，这都是很正常的事情。但很关键的是，婚前你都不能容忍的事情，千万别以为结婚之后你就可以包容。

结婚之后大家基本上都是拿着放大镜放大缺点的，很少有欣赏和挑剔同时存在的情况。大部分人在婚后对对方的优点习以为常，而对不足无穷放大，然后就开始挑剔对方。

因此如果你在某一点上对对方真的已经无法容忍了，千万别忍着，一定要提出来。

比如有某些负向的嗜好或习惯：酗酒，夜生活，打游戏。

某些方面，怎么说都很别扭，两个人不在一个频道。比如，你是一个很孝顺的人，但你发现对方父母并不孝顺爷爷奶奶、外公外婆，对方本身也并不孝顺他的父母，你指望他以后孝顺你的父母是不可能的事情。以后你因为他对你父母不恭敬而非常不舒服，你怎么办？

你先提出问题，慢慢跟对方讲你的感受，如果对方愿意去调整，并且能养成孝顺父母的习惯，你们就可以继续交往下去。如果你提出这个问题之后，他没觉得自己不对，也不会改变和调整，这个问题会一直存在。每个人都有自己的偏好，无所谓对错，但如果你的价值观让你难以接受他的行为，我建议你要慎重。这个问题可能会在婚后成为让你痛苦的根源。

警惕你的过度挑剔

同时，也要看一下你自己是不是过度挑剔了。有些人会说："我列了十个条件找一个人，他有九个都符合，就这一条不符合，我一定要把他'修理'成符合的状态才可以。"这样就好吗？其实生活中有一些细小不言的东西，比如说对方可能不是过于整洁，或者不大习惯表达，未必能猜对你的心思，等等。其实只要不是严格意义上有关价值观的问题，还是先调整你自己的期待为好。

在婚前我们需要观察的很重要的一部分，就是你对他最不能接纳的某一点的包容度。你跟对方谈了，他有所改变；他改变之后，你是不是还能接受？如果你真的不能接受，请不要让自己跟他步入婚姻，去寻找一个跟你观念一致的人就好了。你跟一个很喜欢吃辣椒的人说，甜的东西特别好，辣的东西不好，不要吃辣椒了，人家不听，因为人家就是吃辣椒长大的。你去寻找一个与你口味相同的人是最简单的方法。

第 7 课

婚姻是两个家庭的事情

婚姻从来不是两个人的事情，而是两个家庭的事情。
所谓门当户对，指的是价值观趋同。

一、门当户对指的是价值观趋同

在古代婚姻中，门当户对经常被提到，为什么古人会这么强调门当户对？对于现代人来讲，大家可能会认为这是封建迷信思想，因为爱情是超越年龄、超越阶级的，只要彼此相爱，没有什么不可以。所以门当户对还有必要去提吗？

其实，门当户对从某种意义上来讲，是非常重要的一件事情，因为它代表的是价值观趋同。

价值观趋同可以减少很多矛盾。婚姻中有很多矛盾产生的根本原因是价值观不同。比如一个人很节俭，但另一半很爱花钱买东西，他们就很容易因怎样用钱而产生矛盾。节俭是错吗？当然不是，但是想过舒适的生活是错吗？从他的角度上来看也不是，仅仅只是因为彼此价值观不同而已。

如果两个家庭的价值观不同：一个家庭倾向于大爱，跟亲戚的关系都很好，对朋友也很愿意付出；另一个家庭倾向于只过好自己的日子，不需要为别人付出很多。你会发现这两个家庭之间，对很多问题的处理方式就会非常不一样。比如那种很愿意付出的家庭，更倾向于交友；倾向于只过好自己日子的家庭会更看重自己的感受，更看重家里财富的积累，不愿意为别人付出。如果这样两个家庭的人结合在一起，就会产生很大的矛盾。

门当户对的重要性在于，我们在原生家庭所形成的信念系统，也就是外化的价值观，在婚姻之中会凸显得非常明显。情侣在热恋的时候看到的都是对方的优点，觉得对方很好，没有问题。但婚姻你的价值观都会通过琐碎的生活表现出来。

如果你们门当户对，价值观趋同，意味着你在某件事情上说 yes 的时候，对方并不会说 no，两个人就不会因此吵架。而双方价值观不同，在为某事争吵的过程中，你会认为自己没有错，试图去说服对方；而对方也认为自己没有错，想试图去说服你。这样的话，互相的抗拒和冲突就会产生。

有人说爱情能战胜一切。我要说的是：爱情在激情期是能战胜一切的，可以冲破重重险阻，这种可歌可泣的故事也很多。但婚姻是几十年相濡以沫的过程，相对而言，门当户对，即出身的条件、成长的环境一致度比较高的两个人，在一起的冲突会比较少。

二、一定要了解对方的家庭

婚姻不是两个人的事，而是两个家庭的事情。

有的时候我们会在婚恋过程遇到两种状况：一种状况是对方的父母很抗拒，不太同意自己的儿子和你组成一个家庭。这样反而很真实，对方父母很坦率地表达了自己的想法。一种状况是对方父母对自己表示欢迎，非常热情，但真正结婚之后，发现两个家庭的价值观非常不同，未来等待你的就是很多的纷争了。

我们在决定跟一个人长久走下去之前，需要详尽了解对方的家庭状况。

比如，你一定要注意男方的爸爸，也就是你未来的公公，因为准公公的婚姻模式通常就是你未来老公的婚姻模式，准公婆之间的关系，十有八九就是你们俩未来的样子。

所以，你第一步需要观察准公婆之间的关系。如果准公婆之间彼此包容，关系很融洽，那你的老公在婚姻中也会处于一种包容度比较高的状态，他不会过多地挑剔你。如果准公公很暴力，总是训斥准婆婆，那你老公未来挑剔和训斥你的时候可能就会比较多。如果准婆婆很强势，是家里的主心骨，那你的老公可能相对会比较懦弱，而且未来受其母亲左右的可能性也比较大。

很多女性很怕准婆婆非常强势，有控制欲。其实强势的婆婆倒也没有那么让人害怕。她为什么会强势？很大程度上是因为有不安全感，所以她很想控制。不安全感是她的一个趋向，她的另外一个趋向是，她比较感性，乐意付出。如果你能够跟她处好关系，获得她的认同和接纳，你会发现，她不是心肠非常硬的人，如果她感受到你对她的爱，她肯定是愿意为你付出的。这是我们需要客观看待的。

三、钱是很好的试金石

婚姻中，价值观分歧很多来自对钱的使用。

你可以通过描述对钱的观念，和准公公婆婆进行沟通，了解他们对钱的态度。他们对钱的态度也会折射出你老公对钱的态度。这样你就可以判断出未来两家会不会因为钱发生非常大的分歧。

你也可以买一个小小的礼物看一下他们的反应。因为有一些人非常善良，你可能买一个小小的礼物给他们，他们就很感动很开心，说不要乱花钱什么的。但是有一些人就会估算礼物的价值，会呈现不屑或者无所谓等状态，那你就要小心了，可能未来在这一方面你要付出很多。

四、尝试懒惰一下

在传统观念里，一个居家的女人一定要非常勤快，能持家，很会做家务。其实现在家务可以找小时工做，吃饭可以点外卖，不一定非要很勤快。传统的婆婆基本都是一路自己辛苦过来的，所以她们还是希望儿媳妇非常勤快，可以持家有方。

因此，很多女孩子为了给别人留一个很好的印象，第一次到准公婆家里时，就表现得很勤快，事实上她平常不是这样的。我给大家的建议是，在最初的时候，不要急于表现自己，你平常什么样就表现什么样，甚至可以表现得比平常再懒惰一些，以此看看准公婆对你的包容度。

如果他们觉得无关痛痒，也不会加以诟病，那这样的准公婆是属于包容度比较高的。毫无疑问，你将来的日子会很好过。因为在未来几十年的婚姻生活中，你真的无法保证每件事情都符合他们的意愿，即使门当户对，价值观趋同，也一定会在一些事情的看法和处理方式上不同。他们的包容度比较高，不会因为你一时没有做到让他们满意就产生不满。

五、咨询一些事情

咨询一些事情去看看，同样是跟价值观有关的。

什么意思呢？你可以跟准公婆交流一些事情，比如自家亲戚的某一件事，或者父母的某一件事，或者你交朋友中的某一件事，甚至你买了一个什么东西，看看他们对这些事情的判断，去捕捉他们的价值观。他们的价值观是直接影响你未来老公的价值观的。而且结婚以后，尤其是有了孩子后，他们可能会来帮忙带孩子，你们需要住在一起，如果价值观分歧过大，的确会让双方都不舒服。

在此强调，我个人认为**价值观没有对错，只有不同**。并不是你**的看法就是对的，对方父母的看法就是错的；或者他们是对的，你是错的**。每个人成长环境不一样，经历不一样，形成的价值观体系也是不同的。你唯一要看的就是价值观合适不合适，也就是你跟这个家庭的价值观趋同度高不高。

可能你跟老公的价值观趋同度很高，但是跟准公婆的价值观趋同度并不高。这种情况下，未来你也可能会承担一个风险，因为有很多父母都很喜欢把自己的价值观强行加到孩子身上。当你们彼此价值观趋同度不高，公婆又是过问度很高的长辈，经常掺和你们小家庭的生活，那你跟老公都会觉得不舒服。

所以了解准公婆的价值观和他们的行为方式，也是特别重要的一个维度。

六、观察老公的家庭和他们的亲戚的关系

这其实是一个特别容易观察的角度。

如果你发现未来想嫁的人，他的家庭和周围的亲戚其实走动并不多，甚至还有很大的冲突和矛盾，比如你的准婆婆向你抱怨她的兄弟姐妹，你的准公公不跟他的兄弟姐妹来往，你恐怕需要留意他们个性中接纳度的情况。

因为他们与自己的亲兄弟姐妹之间都没有很好地理解和连接，更不大可能会对跟他们没有血缘关系的准儿媳妇有高度的接纳感和认同感。

不过也有一种特殊状态，就是他们都极其善良，但是他们的兄弟姐妹特别不孝顺和不善良，没有办法很好地互动。

雁涵主张

做婚恋选择的时候，不要盲目地认为，你跟老公一个人关系好就行了，还要顾及他的家庭。在观察的时候，要

去看他的整个家庭的价值观和准公婆之间的相处模式所呈现的状态，因为这直接影响了你未来跟这样的家庭一起走下去的幸福程度。

第一步：维度锁定

第一维度：自我深层需求

所谓女人最幸福的感受，无外乎三方面均得到满足：

A. 给你爱（婚恋中安全感得以满足）。

行为表达：愿意表达爱意，在意你的感受，包容你的不足，支持你的梦想。

B. 给你时间（陪伴相守，依赖感得以满足）。

行为表达：愿意在家陪伴你；愿意分担家务；愿意参与你的家庭倡议；愿意参与到未来家庭琐事的处理中，包括照顾老人、孩子。

C. 给你钱（物质及价值感得以满足）。

行为表达：高标为愿意上交财物权；中标为愿意为你的物质欲望而奋斗，或愿意满足你提的需求。

消极元素：

A. 给你爱的人：可能外貌及才华非常出众，但为人敏感，性格多变；有可能易吸引异性的关注。

B.给你时间的人：安全感、责任感足够，但你可否忍受平庸、现实或者无趣？

C.给你钱的人：能力出众，勇于担当。但一般大男子主义者，没有时间陪伴你，同时也是异性趋之若鹜的对象。

问你的内心，为你的选择排序，如实作答：＿＿＿＿＿＿＿＿；
＿＿＿＿＿＿＿＿；＿＿＿＿＿＿＿＿。

备注：第一选择是根本需求；第二、第三选择是附加需求。

第二维度：性格选项（参考四型人格性格特点）

A.外向活泼开心果。

B.内向温暖体贴男。

C.慷慨担当大丈夫。

D.细腻缜密理工男。

问你的内心，为你的选择排序，如实作答：＿＿＿＿＿＿＿＿；
＿＿＿＿＿＿＿＿；＿＿＿＿＿＿＿＿；＿＿＿＿＿＿＿＿。

备注：第一选择是根本需求；第二选择为备选；第三、第四选择不予考虑。

第三维度：家庭出身

A."凤凰男"：出身贫困，后期发展。这类男人的能力很强，但非常看重自我价值的实现。

B. "富贵男"："官二代""富二代"，天生贵族，优越感强，性格普遍比较自我。

C. "佛系男"：性格与世无争，专一稳定，但没有上进心。

问你的内心，为你的选择排序，如实作答：_____；

_____；_____。

备注：第一选择是根本选择；结合第二维度评估第二选择；第三选择不予考虑。

先将前三个维度的选择综合成一句：_____

譬如：你的三项选择分别答案是 B，B，C，那就是：我需要一个能"陪伴我的"，"温暖体贴"的"佛系男"。

如果是 C, A, B，那就是：我需要一个"给我钱的"，"外向活泼"的"富贵男"。

第二步：价值观锁定

（用"我希望他是……"这样的句式填写。）

人生意义追求：_____

对父母的态度：_____

对使用钱的态度：＿＿＿＿＿＿＿＿＿＿

对交友的态度：＿＿＿＿＿＿＿＿＿＿＿

对男女关系的态度：＿＿＿＿＿＿＿＿＿

备注：这一点在选择伴侣上是极为重要的，一定要追求双方趋同。

第三步：细节锁定

身高：＿＿＿＿＿＿＿＿＿＿＿＿＿＿

年龄：＿＿＿＿＿＿＿＿＿＿＿＿＿＿

学历：＿＿＿＿＿＿＿＿＿＿＿＿＿＿

收入：＿＿＿＿＿＿＿＿＿＿＿＿＿＿

星座：＿＿＿＿＿＿＿＿＿＿＿＿＿＿

血型：＿＿＿＿＿＿＿＿＿＿＿＿＿＿

皮肤颜色：＿＿＿＿＿＿＿＿＿＿＿＿

眼睛大小：＿＿＿＿＿＿＿＿＿＿＿＿

业余爱好：＿＿＿＿＿＿＿＿＿＿＿＿

备注：可增加任何你希望的细节。

第四步：叠加分析

现在，你可以详尽地把以上所有的条款叠加在一起，写在下面的横线上，这些条款描述的就是你的理想男人啦。

_____

_____

备注：

第一步的选择：将决定你的安全感和对婚姻最基础的满意度。

第二步的选择：将决定你和对方是否能长久相处。

第三步的选择：关乎细节，建议能够全部满足最好；如果不能，保持前两步的选择，在条件满足的情况下，可做适当让步。

第五步：感召你的 Mr. Right

以上四步都完成之后，你就可以勇敢地向宇宙下订单，感召你的 Mr. Right 来到身边了。将第四步中所描述的理想型每天早上大声朗读一遍，然后想象他如你所愿来到你的身边，加强对那种喜悦和幸福感的体验。